超低能耗绿色建筑技术

主　编　强万明

副主编　赵士永　郝翠彩　刘少亮

中国建材工业出版社

图书在版编目（CIP）数据

超低能耗绿色建筑技术/强万明主编．--北京：中国建材工业出版社，2020.4

ISBN 978-7-5160-2841-4

Ⅰ．①超…　Ⅱ．①强…　Ⅲ．①生态建筑－节能设计 Ⅳ．①TU201.5

中国版本图书馆CIP数据核字（2020）第035964号

内容简介

本书简述了超低能耗绿色建筑的概念及特点、国内外发展现状，对超低能耗绿色建筑的规划设计、可再生能源利用、施工建造、检测与评价的全链条实施过程进行了详细的技术解析，并分别通过居住建筑、公共建筑案例进行了实际效果验证，预测了超低能耗绿色建筑的未来发展趋势。

本书适合建筑类从业人员和广大建筑节能爱好者参考阅读。

超低能耗绿色建筑技术

Chaodi Nenghao Lvse Jianzhu Jishu

主　编　强万明

副主编　赵士永　郝翠彩　刘少亮

出版发行：中国建材工业出版社

地　　址：北京市海淀区三里河路1号

邮　　编：100044

经　　销：全国各地新华书店

印　　刷：北京雁林吉兆印刷有限公司

开　　本：710mm×1000mm　1/16

印　　张：12.25

字　　数：200千字

版　　次：2020年4月第1版

印　　次：2020年4月第1次

定　　价：68.00元

本社网址：www.jccbs.com，微信公众号：zgjcgycbs

请选用正版图书，采购、销售盗版图书属违法行为

本书编委会

主　编　强万明

副主编　赵士永　郝翠彩　刘少亮

编　委　田　靖　杜　宇　朱　琳　张吉鹳
韩为明　郭欢欢　刘士龙　刘志坚
王富谦　汪　妮　陈彩苓　崔佳豪
邵佳岱　高　军

前　言

能源和环境一直是我国面临的重大战略问题，随着城市化进程的加速，建筑能耗已超过全社会能耗总量的30%。随着社会经济快速发展和人民生活水平不断提高，人们日益增长的物质文化需求与能源、环境的矛盾日益突出，建筑能耗总量和能耗强度上行压力不断加大。实施能源资源消费革命发展战略，推进建筑业由粗放型向绿色低碳型转变，对实现新型城镇化、建设美丽中国具有重要意义。

生态文明建设是关系中华民族永续发展的千年大计。降低能耗，推进绿色发展是加快生态文明建设的重要任务，控制能源消费过快增长是国家能源发展战略的重要内容。建筑节能作为降低能源消耗的三大途径之一，越来越受到社会广泛关注，而超低能耗绿色建筑是当前建筑节能发展和人居环境提升的重要目标。发展超低能耗绿色建筑是解决能耗过快增长和构建节能型社会的重要途经，也是我国建筑业发展的必由之路。

我国建筑节能标准完成了“三步走战略”（节能30%、50%、65%），已经基本达到“65%节能”全覆盖，而能源的过度消耗现象仍然很严重，环境恶化的压力也很大。自2009年住房城乡建设部科技发展促进中心和德国能源署决定开展“中国被动式—低能耗建筑示范建筑项目”以来，超低能耗绿色建筑在中国经历了从无到有、由单栋试点到逐步推广的快速发展。

截至2019年年底，我国在建及建成的超低能耗绿色建筑项目超过700万m^2。目前，我国超低能耗绿色建筑正处于由示范推广向规模化发展过渡的关键期，但从整个建筑业来看，人们对超低能耗绿色建筑的了解还很少，范围也比较小。本书从超低能耗绿色建筑的概念及特点、发展历程以及超低能耗绿色建筑的设计、建造、检测评价等诸多方面对超低能耗绿色建筑进行了详细的技术解析，让建筑类从业人员和广大建筑节能爱好者对超低能耗绿色建筑能够有更深的了解，为我国建筑业实现绿色循环低碳发展和高质量发展奠定良好的社会基础。

希望通过本书，广大读者能全面了解超低能耗绿色建筑，也希望更多的专家学者对超低能耗绿色建筑的发展提出宝贵意见和建议。让我们一起为推动我国超低能耗绿色建筑快速、健康、可持续发展贡献力量。

由于编写时间仓促，本书难免出现纰漏，敬请读者批评指正。

编著者

2020 年 1 月

目　　录

第1章　绪　　论

1.1　概念及特点

超低能耗绿色建筑，曾经有过“被动房”“被动式低能耗建筑”“被动式超低能耗绿色建筑”等称谓，除了标准名称、引用资料等，本书在叙述中均采用“超低能耗绿色建筑”之说。

10年前，几乎无人知晓上述概念，如今超低能耗绿色建筑在全国范围内都有了很高的认知度，其影响力正由业内向全社会扩展，并逐渐成为社会推崇、大众向往的一种新的建筑形式。

1.1.1　概念

由《近零能耗建筑技术标准》（GB/T 51350—2019）可知，超低能耗绿色建筑既是实现近零能耗建筑的预备阶段，又是比低能耗建筑更高节能标准的建筑，除节能水平外，均应满足近零能耗建筑的要求。

1991年，德国菲斯特博士与阿达姆森教授在德国的达姆施塔特克兰尼斯坦区，建造了世界上第一座“被动房”，在建成至今的二十几年里，一直按照设计的要求正常运行，取得了很好的效果，根据监测设备提供的数据，年采暖能耗不足12kWh/(m^2·a)。

1996年，菲斯特博士在德国达姆施塔特创建了被动房研究所（Passive Hause Institute），该研究所是目前被动房建筑研究最权威的机构之一。如今，欧洲很多国家和美国都建立了被动房建筑的研究机构。在欧洲已经有上万座被动式建筑建成，并且被动房的理念已经不再只局限于住宅建筑中，在一些公共建筑中，也逐渐开始采用被动房的标准进行建设。通过安装可再生能源设施，被动房甚至能成为“零能耗”的建筑，同时达到“零碳排”。

超低能耗绿色建筑的理念就源自德国的“被动房”，是近零能耗建筑的初级表现形式，是指将自然通风、自然采光、太阳能辐射和室内非供暖热源得热等各种被动式节能手段与建筑围护结构高效节能技术相结合，并充分利用可再生能源而建成的低能耗建筑，这种建筑在显著提高室内环境舒适性的同时，可大幅度减少建筑使用能耗，最大限度地降低对主动式机械采暖和制冷系统的依赖。

超低能耗绿色建筑的室内环境参数与近零能耗建筑相同，能效指标略低于近零能耗建筑，其建筑能效水平较 2016 年国家建筑节能设计标准降低 50% 以上，是现阶段不借助可再生能源，依靠建筑技术的优化利用就可以实现的目标。

1.1.2 主要特点

1. 因地制宜

我国的国土面积广大，不同地区的气候差异较大，在温度、湿度、光照、风向等方面都各有特点，因此，超低能耗绿色建筑的设计应该根据建筑所在地区呈现出来的不同地理状态，科学地进行设计。例如，在北方由于四季的温差大，设计时要保证建筑能够冬暖夏凉。在南方地区，四季温差小，但是湿度大，建筑设计时要做到干燥通风，提升居住者居住的舒适性。

2. 资源循环利用

我国的人口众多，对能源的消耗量大，超低能耗绿色建筑设计的原则之一就是要尽可能地实现能源的循环利用，最大限度地节约资源，降低能源的消耗，减少环境污染。在自然环境中，完整的生态系统值得我们充分利用，超低能耗绿色建筑在设计时充分考虑了这一点，在选择冷热源时，尽量采用可再生能源，如地源热泵、空气源热泵，同时尽可能地充分利用太阳能资源，利用光热、光伏系统为建筑进行供热或电力供应，减少煤炭等不可再生能源的使用，同时减少其对环境的污染。

3. 科学性

超低能耗绿色建筑设计是一项科学的理论，具有科学的技术理论进行支持，以保证其设计更加完善，能够更加有效地实现低能环保的状态。例如，在进行设计时，首先要考虑建筑存在地区的环境，要对当地的气候做好分区，通过准确的区域划分才能够进行良好的设计。同时，利用能耗模拟软件进行辅助设计，预测和评估不同节能手段的效果，使各项节能技术能够实现最优组合。

4. 居住舒适性

建筑是人们工作和生活的重要场所，其舒适性直接关系着我们的居住质量。超低能耗绿色建筑在进行设计时，充分考虑了人们对自然条件的最佳适应状况，对于温度、空气湿度、光线等的感受，使建筑能够在人们舒适的范围内，达到较为理想的生态融入。

超低能耗绿色建筑要求室内环境比2016年国家建筑节能设计标准更加舒适，也就是说超低能耗绿色建筑的室内环境参数应满足更高的热舒适水平。众所周知，室内热湿环境参数主要包括室内温度、空气相对湿度、新风量、非透明围护结构冬季内表面温度与室内空气温度差值、二氧化碳浓度、细颗粒物（$PM_{2.5}$）浓度及噪声级等，它们直接影响着室内的热舒适水平和建筑能耗水平。

表1-1为超低能耗绿色建筑技术标准体系中对供暖、供冷房间室内环境参数的标准要求。

表1-1 超低能耗绿色建筑技术标准要求的供暖、供冷房间室内环境参数

室内环境参数	冬季	夏季
温度（℃）	≥20	≤26
相对湿度（%）	≥30	≤60
新风量［m^3/（h·人）］	符合现行国家标准《民用建筑供暖通风与空气调节设计规范 附条文说明［另册］》（GB 50736）中的有关规定	
非透明围护结构冬季内表面温度与室内空气温度差值（℃）	≤3	
二氧化碳浓度（mg/m^3）	≤1000	
细颗粒物（$PM_{2.5}$）浓度（μg/m^3）	1h平均不高于35	
允许噪声级dB（A）	符合现行国家标准《民用建筑隔声设计规范》（GB 50118）中的有关规定	

5. 优良的隔热保温性能

良好的建筑围护结构保温隔热性能可以有效地降低能源的损耗，减少资源的使用，真正达到低能环保的效果。建筑围护结构体系主要由外墙、屋面、地面及外门窗组成，加强围护体系的保温隔热性能是超低能耗绿色建筑设计和建造中最为重要的技术措施。超低能耗绿色建筑要求建筑物屋面、外墙、地面或不采暖地下室顶板的传热系数 $K \leqslant 0.15W/(m^2 \cdot K)$。正如人在冬季最重要的御寒手段就是穿上保暖的衣服一样，这是一个非常简单的道理。而超低能耗绿色建筑正是充分利用了这一原理，在考虑现有建筑材料的性能和价格的基础上，为建筑穿上一件最保暖的外套并把可能存在的“热桥”尽量阻隔掉。

外门窗的保温隔热性能对玻璃和窗框要求都很高，对于一些欧洲国家的现有建筑，其窗框大多数采用双层中空玻璃和断桥铝合金的材质，传热系数为 $2.4W/(m^2 \cdot K)$ 左右，还远远达不到超低能耗绿色建筑对外窗的保温性能要求。目前，超低能耗绿色建筑要求外门窗传热系数 $K \leqslant 1.0W/(m^2 \cdot K)$。在已建的超低能耗绿色建筑中，建筑外窗通常采用3层中空玻璃以及带保温夹层的窗框，其传热系数可达 $0.8W/(m^2 \cdot K)$ 以下。在围护结构的阻热性能明显提高以后，“热桥”就成为一个影响围护体系保温效果的重要因素。在现有建筑的设计中，“热桥”也已经成为一个被关注的问题，但是远没有像超低能耗绿色建筑那样被尽可能地避免。

6. 良好的建筑气密性

基于超低能耗绿色建筑的理念，建筑应该是一个尽量不受室外环境干扰的独立系统。因此，建筑围护结构应该具有可以隔绝室内外空气渗透的功能，这一点在冬季尤为重要，因此，超低能耗绿色建筑与室外空气交换都是通过可以控制的机械系统来实现。建筑的气密性能对于超低能耗绿色建筑非常重要，它的密闭性除了可以降低热量损失以外，还可以控制室内环境的湿度和保护建筑结构。在超低能耗绿色建筑的设计中，不少窗扇都是固定不可以打开的，部分可开启窗扇在关闭时也要满足很高的气密性要求。

在超低能耗绿色建筑技术体系中，要求公共建筑的室内被动区域应形成一个且仅有一个包裹整栋建筑外围护结构的气密层，而居住建筑室内被动区域里的每个单元房和公共区域应形成包裹各自气密区的气密层。与此同时，要求气密性的限值应当达到在室内外压差50Pa的条件下，每小时的换气次数 $N_{50} \leqslant 0.6h^{-1}$。

此外，在技术体系中对于超低能耗绿色建筑的气密性施工做法做了详细要求，如提出对门洞、窗洞、电气接线盒、管线贯穿处等易发生气密性问题的部位，应进行节点设计并对气密性措施进行详细说明；应选择适用的气密性材料做节点气密性处理，如紧实完整的混凝土、气密性薄膜、专用膨胀密封条、专用气密性处理涂料等材料。

7. 无热桥设计

热桥以往又称冷桥，是指处在外墙和屋面等围护结构中的钢筋混凝土或金属梁、柱、肋等部位，因传热能力强，热流较密集，内表面温度较低，故称为热桥。根据技术体系中的要求，在超低能耗绿色建筑中应当进行无热桥设计，它是指在建筑设计时，通过合理的手法将建筑的热桥系数控制在0.01W/(m·K)以下，并提出了以下几个气密性施工规则：

避让规则：尽可能不要破坏或穿透外围护结构。

击穿规则：当管线等必须穿透外围护结构时，应在穿透处增大孔洞，保证足够的间隙进行密实无空洞的保温。

连接规则：保温层在建筑部件连接处应连续无间隙。

几何规则：避免几何结构的变化，减少散热面积。

同时在技术体系中，还对被动式超低能耗建筑的外墙、屋面、女儿墙、通风口、地下室与外窗等处的无热桥施工做法做了详细要求。

8. 高效的带热回收的新风系统

当建筑的气密性能大大提高以后，适宜的通风换气方式对于超低能耗绿色建筑就尤为重要了。要保持室内空气的清洁与健康，必须要满足一定的新风量。在现有建筑中，开启窗户和门窗缝隙的渗透是实现建筑冬季换气的常用方式，但这样无疑会带来大量的热量损失，并且产生室内吹冷风的不舒适感。在超低能耗绿色建筑中，这一换气指标则完全需要通过机械通风的方式来完成，并把建筑排风中的热量回收，用以预热送入室内的新鲜空气，同时要求通风系统显热热回收效率≥75%，全热热回收效率≥70%。在欧洲目前使用的热交换器的热回收效率非常高，可以达到75%~90%，因此在超低能耗绿色建筑中冬季通风换气损失的热量很大程度上被避免了。

1.2 国外发展及现状

“被动房”的概念于1988年由瑞典隆德大学的Bo Adamson和德国的Wolfgang Feist首先提出，他们指出“被动房”是一种不需要主动采暖和空气调节就能够维持室内舒适的热环境的建筑。

1996 年，Wolfgang Feist 组建的 Passive House Institute（PHI）在德国达姆施塔特成立，该研究所致力于促进和规范被动住房标准，至今仍为“被动房”建筑研究最具权威的机构之一，Wolfgang Feist 也被称为“被动房之父”。

1.2.1 欧洲

1. 政策法规

1）德国

德国作为被动房的兴起地区，经过几十年的努力与实践，建筑节能技术和标准大幅提高，目前已经成为被动房技术水平和发展最好的地区。德国的低能耗建筑包括：RAL 认证体系下的低能耗建筑、3 升房、被动房。在相关规范所要求的建筑室内舒适度和健康标准的前提下，建筑物对一次性能源的需求量如表 1-2 所示。

表 1-2 德国不同建筑的一次能耗需求量

类型	采暖能耗［kWh/(m^2·a)］
低能耗建筑	30～60
3 升房	15～30
被动房	≤15

如表 1-3 所示，1977 年，德国建筑采暖能耗限值为 220kWh/(m^2·a)，至 2014 年，德国的建筑采暖能耗限值已经降至 30kWh/(m^2·a)。德国对建筑节能方面也有更高的要求：2019 年起，公共办公楼均达到近零能耗的水平；2021 年起，新建房屋均达到近零能耗的水平。

表 1-3 德国建筑采暖能耗指标发展历程

名称	建筑采暖能耗限值［kWh/(m^2·a)］
保温条例（1977）	220
保温条例（1984）	190
保温条例（1995）	140
保温条例（2002）	70
保温条例（2009）	50
保温条例（2014）	30

2）瑞典

瑞典目前执行的建筑节能规范是2009年修订后的，该规范并没有提到低能耗建筑的定义，因此2007年成立的FEBY制定了低能耗建筑认证的相关文件。FEBY是瑞典能源署资助的机构，其合作成员包括瑞典环境研究机构（IVL）、ATON技术咨询公司、隆德大学、瑞迪技术研究院（SP）。FEBY颁布了低能耗建筑（Minienergi）和被动房两个自愿性标准，其中被动房标准包含了对零能耗建筑的定义。两个标准都参照德国被动房的标准，进行了适当的调整以符合瑞典的气候条件和工程的经验及做法。

3）奥地利

如表1-4所示，奥地利对国内建筑进行能耗计算的方法主要参考和借鉴了OIB编制的ONORMB 8110-1标准和欧标EN 832。2008年，奥地利对建筑的不同采暖需求进行等级划分，分别对应A++，A+，A和B四个等级。其中，A++对应德国被动房标准，供暖能耗指标低于15kWh/(m^2·a)。同时，奥地利推出了有关被动式建筑资助和资质认证的相关计划。至2010年，奥地利国内的被动式建筑约8500栋，且每年都在持续增加。2015年开始，奥地利的新建建筑中仅被动房可以获得国家的补贴。

表1-4 奥地利低能耗和被动房建筑的采暖需求值

建筑等级	采暖需求［kWh/(m^2·a)］
B	≤50
A	≤25
A+	≤20
A++	≤15

4）丹麦

如表1-5所示，丹麦2010年起实施低能耗建筑的2级要求，即住宅能耗限值为52.5kWh/(m^2·a)，非住宅能耗限值为71.35kWh/(m^2·a)；2015年起实施低能耗建筑的1级要求，即住宅能耗限值为30kWh/(m^2·a)，非住宅能耗限值为41kWh/(m^2·a)；2020年的建筑条例对建筑能效进行了全面提升，即住宅能耗限值为20kWh/(m^2·a)，非住宅对能耗限值为25kWh/(m^2·a)。

表 1-5　丹麦建筑能耗指标发展历程

名称	住宅能耗限值 [kWh/(m^2·a)]	非住宅能耗限值 [kWh/(m^2·a)]
2010 年建筑条例（低能耗建筑 2 级）	52.5	71.35
2015 年建筑条例（低能耗建筑 1 级）	30	41
2020 年建筑条例	20	25

5）芬兰

如表 1-6 所示，芬兰的被动房标准是根据芬兰南部、中部、北部不同气候特点进行了相应的修改，分成三个不同的等级，分别代表不同单位面积的年终端能耗，即 P15、P20、P25。

表 1-6　芬兰被动房建筑能耗限值

等级	位置	建筑能耗限值 [kWh/(m^2·a)]
P15	南部	12.75
	中部	15
	北部	19.95
P20	南部	17
	中部	20
	北部	26.6
P25	南部	21.25
	中部	25
	北部	33.25

2. 典型项目

德国被动房已经成为具有完备技术体系的自愿性超低能耗建筑标准。目前，已经有 60000 多栋的房屋按照被动房标准建造，其中有约 30000 栋建筑获得了被动房的认证，主要以住宅为主，也有办公、学校、酒店等类型的建筑。

1991 年，Wolfgang Feist 设计的世界上第一座被动房在德国达姆施塔特建成（图 1-1），根据 1991 年 10 月至 1996 年 9 月长达 5 年的跟踪检测结果，该建筑单位面积的年采暖能耗为 11.9kWh/(m^2·a)，低于德国一般建筑平均值一半的水平。

图1-1 世界上第一座被动房

2000年，德国建成了首个被动房小区，此后以每年3000栋的速度增长。

2001年，瑞典马尔默开始建立“明日之城”Bo01住宅示范区（图1-2）。“明日之城”Bo01住宅示范区是瑞典第一个“零排放”社区；该社区100%利用风能、太阳能、地热能、生物能等可再生能源，西港新区项目因此获欧盟“推广可再生能源奖”。

图1-2 马尔默“明日之城”

2002年，世界上最大的被动办公楼Energon在德国乌尔姆建成（图1-3），外形为曲面三角形的五层建筑，该楼的建筑费用和运行费用均明显低于普通办公楼，单位面积年耗能量仅为 70kWh/(m^2 · a)。

图 1-3　世界上最大的被动办公楼 Energon

Riedberg 被动式房屋学校位于德国法兰克福（图 1-4），是德国法兰克福地区第一栋采用被动式房屋标准进行设计的学校，并在 2004 年获得了 PHI 被动式房屋认证。

图 1-4　Riedberg 被动式房屋学校

Innsbruck 幼儿园位于奥地利 Tivoli 地区（图 1-5），为被动房新建建筑，建筑面积 1533 平方米，建造年份为 2008 年。

奥地利 Innsbruck 被动房住宅 Lodenareal 项目（图 1-6），建造时间为 2007 年 12 月至 2009 年 9 月，是当时欧洲最大的被动房地产项目，已得到被动房研究所的认证。

图1-5 Innsbruck 幼儿园

图1-6 被动房住宅 Lodenareal

2013 年 7 月，PHI 为维也纳一座高层办公楼——RHW. 2 大楼颁发了被动式建筑标准认证，它是世界上首座获得 PHI 认证的被动式高层办公大楼（图 1-7）。该楼采用光伏系统和供暖、制冷、发电一体化设备提供能源，并通过废热回收再利用来提供部分热源，而部分冷源则通过与多瑙运河进行热交换来实现。与传统高楼相比，该楼的冷、热负荷降低了 80%，将能源消耗降到了最低限度。

德国海德堡列车新城是世界上已建成的最大的被动房项目（图 1-8）。2014 年，列车新城的第一期完成。目前还在进行第二期的建设中，预计 2022 年将全部完工。

图 1-7　世界上首座被动式高层办公大楼 RHW. 2

图 1-8　海德堡列车新城

2015 年，德国“能源之屋（The House of Energy）”成为世界上首座通过最高级别被动建筑（Passive House Premium）认证的房屋（图 1-9）。

图 1-9　能源之屋（The House of Energy）

德国弗莱堡市政厅一期工程已于2018年4月完工，是世界上第一栋公共净零能耗建筑（图1-10）。

图1-10 弗莱堡市政厅一期工程

1.2.2 美洲

1. 政策法规

1）美国

美国在《2007年能源独立和安全法案》中制定了零能耗公共建筑发展目标：到2030年，所有新建公共建筑达到净零能耗标准；到2050年，所有公共建筑达到净零能耗标准；在EISA 2007提出了对居住建筑的能耗要求：到2020年，所有新建居住建筑应合理使用可再生能源，建筑能耗在现有基础上下降70%。

2）加拿大

为了实现可持续发展，加拿大通过制定建筑行业标准和规范、应用绿色节能技术生产和设计、在项目中推广革新技术和采用相应的标准等手段，来提高建筑物的节能水平，从而降低建筑和社区能源损耗，减少人类对环境的影响。一系列的行业标准和激励方案被加拿大各个组织建立起来，这些指导性的项目通过设定高行业标准，建立定性和定量的指标和建筑规范标准，从而提高建筑物要求和规范。在建筑评估（测量）等方面，加拿大已经建立了国家标准来评定建筑节能的情况，如R-2000和加拿大标准，这些技术标准的内容涉及能量效率评估、室内空气质量、建筑物环境职责和房屋性能等方面。

2. 典型项目

美国费城首个被动式房屋 Onion Flats Stable 位于乔治街，已经完工并上市出售，原本有 70 套住宅，由于资金困难，开发商只开发了其中的 27 套。每套住宅净建造面积 2500 平方英尺，包括 3 间卧室、1 个办公室和 3 个卫生间。该项目旨在成为美国首个获得 LEED 认证的被动式房屋项目。

美国芝加哥市首个被动式房屋由 Tom Bassett-Dilley 公司设计，Weise 公司建造，位于 Jackson 街 1430 号，总建筑面积 3598 平方英尺，住宅能耗率评分为 28 分，是该市首个通过了被动式房屋认证，能源部挑战认证和健康之家认证的被动式房屋。

美国科罗拉多州第一个通过认证的被动式房屋位于丹佛市，由当地的 KGA 建筑工作室设计，拥有一系列节能功能。住宅既保持了传统的建筑外观，又不失时尚，通过了美国最为严格的建筑节能标准的考验。住宅中使用最多的建筑材料是木料，相比常规结构能耗降低了 80%。

2012 年建成的惠斯勒彩虹被动房为加拿大第一栋被动房屋（图 1-11）。在这个项目中，各种结构部件都在距离项目工地几百公里的工厂里事先制作完成，房子采用了 2×10（英寸）规格的墙体，是常规北美轻木结构墙体的 2 倍，这样就能在墙体内填充更多的保温材料，完成后的墙体热阻 R 值约为 50（$m^2 \cdot K$）/W，房子采用三层玻璃的窗户，以保证它的保温性。

图 1-11　惠斯勒彩虹被动房

2018 年 9 月 18 日世界最高的被动房建筑——1400 Alberni（双塔楼居民建筑，层数分别为 53 层和 48 层）获加拿大温哥华市议会批准，计划 2022 年竣工（图 1-12）。

图 1-12　1400 Alberni 双塔楼居民建筑

1.2.3　亚洲

1. 政策法规

1）韩国

2009 年，韩国在《绿色增长国家战略及五年计划》中提出：到 2017 年，新建建筑达到被动式节能建筑标准，建筑总能耗下降 80%；到 2025 年，所有新建建筑达到零能耗标准。

2）日本

从国家层面来说，日本近零能耗公共建筑行动计划分为以下几个阶段：从 2010 年起，引入建筑能效评级制度，支持新技术创新；加强财政预算支持和税收刺激政策，加强管理力度，促进全方位的能源利用；到 2010 年年底，设定建筑节能条例，编制强制化目标，制定时间节点及支持政策；2020 年之前，所有商业建筑实现近零能耗；2030 年，所有新建建筑实现近零能耗。

2. 典型项目

日本第一栋通过正式认证的被动房是一栋叫作“阶梯房”的乡间别墅（图 1-13）。它位于东京西南方向、距其 50 英里的镰仓市的乡间。这所房子使用了较厚的墙面以及三层式玻璃，这不仅节省能耗，并且其“阶梯”造型打破了被动房的呆板形象。

图 1-13　“阶梯房”乡间别墅

2011 年竣工的韩国生态绿色别墅位于韩国京畿道，建筑面积为 1837 平方米（图 1-14）。作为一种新型住宅，其生态节能效果比“零能耗”更好。这种新型住宅借鉴了自然环境的特点，将人工与自然结合。这座绿色别墅包含多种设计特色，如结构体系、材料、空间布局、景观丰富化和生活简易化等。

图 1-14　韩国生态绿色别墅

1.3　国内发展及现状

1.3.1　理论研究

早在 1977 年，我国就开始了对被动式太阳房的探索，其是通过较大的南向玻璃窗或者集热蓄热墙、附加阳光间等被动式方法实现对太阳能的利用。甘肃省民勤县重兴公社建成我国第一栋被动式太阳能采暖房。

随后青海、天津等地也建起各具特色的首批实验房。“六五”至“八五”期间，我国对被动式太阳房的研究逐步趋于完善，设计理论基本成熟。

我国的超低能耗绿色建筑起步较晚，近几年来国内的高校、科研机构借鉴国外低能耗建筑的研究经验，进行基础理论的探索，并结合产品生产和房地产开发企业推出示范性质的低能耗建筑项目，促进了我国超低能耗绿色建筑的发展。

住房城乡建设部的彭梦月结合中国的气候条件、建筑形式等要素，给出了我国各个气候区中被动式超低能耗技术的可行性以及适宜性。

上海朗诗建筑科技有限公司的汪静通过浙江长兴布鲁克被动房的应用实践，采用节能设计模拟分析和工程经济数据的比对，建议国内的科研机构针对不同的气候分区分别制定相适应低能耗建筑的外墙体传热指标要求。

大连理工大学的邱乐对德国被动房的研发过程和推广经验两方面进行介绍，通过对大连地区住宅节能发展现状与德国被动房的对比总结，对大连地区的被动房技术进行了可行性研究，并给出了该技术在大连地区居住建筑中的应用策略。

沈阳建筑大学的张雅婷从严寒地区气候特点和办公建筑的普遍特点入手，通过对已建立的标准办公建筑进行能耗模拟分析，提出适合于当地气候条件的办公建筑能耗限值和围护结构热工性能指标，归纳总结出适宜于严寒地区与办公建筑的超低能耗技术组合方式。

北京建筑大学的胡莹针对秦皇岛“在水一方”被动式住宅示范项目，从全年室内舒适性、能耗模拟、技术经济性这三个方面进行了分析研究，结果表明“在水一方”被动式住宅基本满足德国被动式住宅的舒适性的要求，相比与国内普通65%节能住宅，其减少的采暖空调累积热负荷的平方米指标、每年节约的标煤量、减少二氧化碳的排放量及节约的采暖费等效果显著。

河北省建筑科学研究院的郝翠彩、刘少亮结合河北省建筑科技研发中心科研办公楼的工程实践，从技术角度介绍了被动式低能耗建筑在建造过程中各个阶段（设计、施工、验收）关键节点实施的方法和应该注意的问题。

南昌航空大学的王煜阳指出了在历史街区的改造中被动房技术应用的可能性与风貌协调的优势性，并以南昌绳金塔街区为例进行了因地制宜的针对性改造。

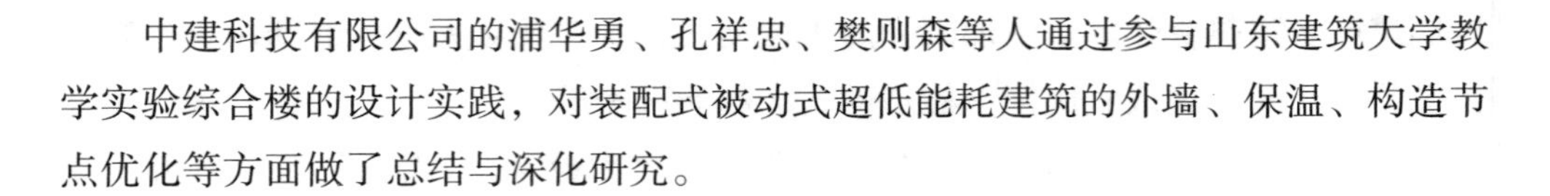

中建科技有限公司的浦华勇、孔祥忠、樊则森等人通过参与山东建筑大学教学实验综合楼的设计实践，对装配式被动式超低能耗建筑的外墙、保温、构造节点优化等方面做了总结与深化研究。

1.3.2 规范及标准

我国建筑节能发展经历了“三步走”的过程。1986 年的《民用建筑节能设计标准》指出，1991 年之后新建住宅与基准住宅相比节能 30%；1995 年修订的《民用建筑节能设计标准》指出，2000 年之后新建住宅与基准住宅相比节能 50%；2000 年修订的《民用建筑节能设计标准》指出，2005 年之后新建住宅与基准住宅相比节能 65%。近年来，我国建筑节能事业发展迅速，取得了长足进步。

1. 绿色建筑

2005 年 10 月，建设部、科技部印发的《绿色建筑技术导则》指出，绿色建筑是指在建筑的全寿命周期内，最大限度地节约资源（节能、节地、节水、节材）、保护环境和减少污染，为人们提供健康、适用和高效的使用空间，与自然和谐共生的建筑。导则要求：发展绿色建筑必须从建筑全寿命周期的角度，全面审视建筑活动对生态环境和住区环境的影响，采取综合措施，实现建筑业的可持续发展。

2006 年 3 月，建设部发布的《绿色建筑评价标准》（GB/T 50378—2006）指出，绿色建筑是将可持续发展理念引入建筑领域的结果，将成为未来建筑的主导趋势。该标准与 2005 年的《绿色建筑技术导则》一起构成了我国第一个绿色建筑技术规范，形成了绿色建筑指标体系。

2011 年 10 月，住房城乡建设部批准施行的《民用建筑绿色设计规范》（JGJ/T 229—2010）指出，绿色设计应统筹考虑建筑全寿命周期内，满足建筑功能和节能、节地、节水、节材、保护环境之间的辩证关系，体现经济效益、社会效益和环境效益的统一；应降低建筑行为对自然环境的影响，遵循健康、简约、高效的设计理念，实现人、建筑与自然和谐共生。

2014 年 4 月，住房城乡建设部发布的《绿色建筑评价标准》（GB/T 50378—2014）在《绿色建筑评价标准》（GB/T 50378—2006）的基础上完成了进一步发展。标准指出绿色建筑评价指标体系包括：节地与室外环境、节能与能源利用、节水与水资源利用、节材与材料资源利用、施工管理、室内环境质量和运营管理。这一标准明确了建筑与自然环境、资源之间的关系，加速了我国发展绿色建筑的进程。

2019 年 3 月，住房城乡建设部发布的《绿色建筑评价标准》（GB/T 50378—2019）指出，绿色建筑评价指标体系应由安全耐久、健康舒适、生活便利、资源节约、环境宜居 5 类指标组成，且每项指标都设置控制项和评分项；评价指标体系还统一设置加分项。该标准重新构建了绿色建筑评价技术指标体系，增加了绿色建筑等级，提高了绿色建筑的性能要求。

2. 被动房

2015 年 10 月，住房城乡建设部印发的《被动式超低能耗绿色建筑技术导则（试行）（居住建筑）》中指出，超低能耗绿色建筑的全年供热供冷负荷应明显下降，严寒地区和寒冷地区建筑节能率达到 90% 以上，供暖能耗在现行国家节能设计标准基础上下降 85% 以上。

2019 年 1 月，住房城乡建设部发布的《近零能耗技术标准》（GB/T 51350—2019）指出，超低能耗绿色建筑能耗水平较《公共建筑节能设计标准》（GB 50189—2015）、《严寒和寒冷地区居住建筑节能设计标准》（JGJ 26—2010）、《夏热冬冷地区居住建筑节能设计标准》（JGJ 134—2016）、《夏热冬暖地区地区居住建筑节能设计标准》（JGJ 75—2012）降低 50% 以上，为近零能耗建筑的初级表现形式；近零能耗建筑的建筑能耗水平应降低 60% ~75% 以上；零能耗建筑的建筑为近零能耗建筑的高级表现形式，其可再生能源的年产能大于或等于建筑全部用能。

2019 年 4 月，住房城乡建设部发布《建筑碳排放计算标准》（GB/T 51366—2019），2019 年 12 月 1 日起实施。该标准有利于我国提升建筑节能水平及控制建筑碳排放，对促进我国节能环保、超低能耗建筑产业的发展具有重要的积极意义。

2019 年 6 月，北京市住建委组织召开了“落实国家战略、助力高质量发展、筑牢协同标准基础，全面推进京津冀区域协同工程建设标准体系建设动员会暨首部施工类京津冀协同工程建设标准发布会”，由北京住总集团、北京建筑材料科学研究总院、北京市保障性住房建设投资中心共同主编的《超低能耗建筑节能工程施工技术规程》被正式列入行动计划。

1.3.3 政策法规

2011年，住房城乡建设部姜伟新部长随温家宝总理出访德国期间，对当地的“被动房”建设进行了考察调研，并对我国“被动房”建设提出要求，将“被动房”的概念引进中国。2014年3月，习近平总书记出访德时明确指出，要大力开展中德环保节能、设计等领域合作。对此，我国相关机构全力承接国家发展战略，寻求与德国设计和节能等机构合作，先后与德国最大的独立工程设计公司——欧博迈（OBERMEYER）签署合作备忘录，成立合资设计研究院，并与代表世界最先进建筑节能技术的被动屋发明人费斯特教授、被动屋建筑设计师荣恩教授合作，与德国相关研究设计机构签署合作备忘录，建立被动屋中国技术中心，积极发挥引领作用，促进产业转型。

2014年3月，中共中央、国务院印发的《国家新型城镇化规划（2014—2020年）》要求，实施绿色建筑行动计划，完善绿色建筑标准及认证体系，扩大强制执行范围，加快既有建筑节能改造，大力发展绿色建材，强力推进建筑工业化。

2015年4月，中共中央、国务院印发的《关于加快推进生态文明建设的意见》要求，要强化城镇化过程中的节能理念，大力发展绿色建筑，推进绿色生态城区建设。

2016年2月4日，发展改革委、住房城乡建设部制定的《城市适应气候变化行动方案》要求，积极发展被动式超低能耗绿色建筑，通过采用高效高性能外墙保温系统和门窗，提高建筑气密性，鼓励屋顶花园、垂直绿化等方式增强建筑集水、隔热性能，保障高温热浪、低温冰雪极端气候条件下的室内环境质量。

2016年2月6日，中共中央、国务院印发的《关于进一步加强城市规划建设管理工作的若干意见》要求推广建筑节能技术。即提高建筑节能标准，推广绿色建筑和建材；支持和鼓励各地结合自然气候特点，推广应用地源热泵、水源热泵、太阳能发电等新能源技术，发展被动式房屋等绿色节能建筑；完善绿色节能建筑和建材评价体系，制定分布式能源建筑应用标准；分类制定建筑全生命周期能源消耗标准定额。

2016年12月，国务院印发的《“十三五”节能减排综合工作方案》要求强化建筑节能。即实施建筑节能先进标准领跑行动，开展超低能耗及近零能耗建筑建设试点，推广建筑屋顶分布式光伏发电；编制绿色建筑建设标准，开展绿色生态城区建设示范，到2020年，城镇绿色建筑面积占新建建筑面积比重提高到50%；实施绿色建筑全产业链发展计划，推行绿色施工方式，推广节能绿色建材、装配式和钢结构建筑；强化既有居住建筑节能改造，实施改造面积5亿平方米以上，2020年前基本完成北方采暖地区有改造价值城镇居住建筑的节能改造。

2017年2月，住房城乡建设部印发的《建筑节能与绿色建筑发展“十三五”规划》要求积极开展超低能耗建筑、近零能耗建筑建设示范，提炼规划、设计、施工、运行维护等环节共性关键技术，引领节能标准提升进程，在具备条件的园区、街区推动超低能耗建筑集中连片建设，鼓励开展零能耗建筑建设试点。

2018年1月，住房城乡建设部标准定额司印发的《2018年工作要点》，要求制定以近零能耗建筑标准为代表的高水平建筑节能标准，分区复制推广。

2018年6月，中共中央、国务院印发的《关于全面加强生态环境保护坚决打好污染防治攻坚战的意见》鼓励新建建筑采用绿色建材，大力发展装配式建筑，提高新建绿色建筑比例，以北方采暖地区为重点，推进既有居住建筑节能改造。

2019年2月，住房城乡建设部印发的《关于开展农村住房建设试点工作的通知》要求应用绿色节能的新技术、新产品、新工艺，探索装配式建筑、被动式阳光房等建筑应用技术，注重绿色节能技术设施与农房的一体化设计。

1.3.4 示范项目

河北省在“被动房”的发展进程中走在我国前列。2013年1月，河北省秦皇岛市“在水一方”国家被动房示范项目正式通过住房城乡建设部和德国专家的验收（图1-15），一期总建筑面积为28050m^2，2014年9月入住，建筑节能率高达92%。这是我国第一个被动式低能耗居住建筑，该项目由秦皇岛五兴房地产有限公司按照德国的“被动房”标准设计开发，经德国能源署派出的专家认定，其结果满足“被动房”的要求。

2014年12月，国内首家采用德国被动式低能耗建筑标准建设的公共建筑——河北省建筑科技研发中心科研办公楼正式建成（图1-16），总建筑面积14527.17m^2，地上六层，地下一层，节能率约为91%。这是我国第一座被动式公共建筑，该项目采用了严密的外围护结构保温技术、防热桥技术，新风系统采用土壤预冷、预热技术和高效排风热回收技术。同时还采用了活动外遮阳技术、地埋管地源热泵技术、毛细管辐射供冷供暖等31项绿色节能技术。

图1-15 “在水一方”国家被动房示范项目

图1-16 河北省建筑科技研发中心科研办公楼

除河北省之外，其他地区也在积极引进“被动房”技术，新疆、山东、浙江等地也都发展了一些示范项目，在超低能耗绿色建筑的建设与发展上取得了不错的成绩。

2010年5月，我国首座被动式建筑“汉堡之家”在上海对外开放（图1-17），作为首座获得认证的被动房，“汉堡之家”单位面积年耗能量小于50kWh/(m^2·a)，比一般同类建筑节能90%以上。其屋顶上安装的光伏发电设备可以提供建筑所需电能的80%，而地源热泵装置负担了整栋建筑的冷热负荷。

图1-17 我国首座被动式建筑“汉堡之家”

2014年8月，位于浙江长兴的布鲁克酒店项目正式颁证、揭牌，成为我国首个获得德国被动房屋研究所PHI权威认证的酒店项目（图1-18）。该项目共计五层，建筑面积约2500m²，有标准房间48间，套房4间，基本满足日常住宿、接待功能。与传统建筑相比，布鲁克可节省95%的能源。

图1-18 浙江长兴布鲁克酒店

2014年11月，我国西北首个被动式建筑“幸福堡”在新疆乌鲁木齐向公众开放（图1-19），总建筑面积为7791m²，是一栋地下两层、地上六层的单体楼。与传统的非节能建筑相比，其节能率达到90%以上。“幸福堡”项目的建成为我国冬季寒冷气候条件下被动房建设提供了参考，有助于我国西北地区被动式房屋的标准制定和使用推广。

2016年9月，亚洲体量最大的被动房建筑——青岛中德生态园被动房技术体验中心正式启用（图1-20）。该被动房技术体验中心总面积13768.6m²，地上五层，半地下一层，地下一层，与现行国家节能设计标准相比节能达90%。

图1-19 西北首个被动式建筑“幸福堡”

图1-20 青岛中德生态园被动房

截至2018年，全国范围内共有被动式建筑项目100余个，分布在21个省、自治区、直辖市。

2019年10月，河北省高碑店市国际门窗城举办了第23届国际被动房大会，大会吸引了来自全世界50多个国家和地区的1000余位国际专家、行业领袖、企业人士参加，其间集中展示了一批示范观摩项目，包括高碑店·列车新城、国家绿色智慧建筑示范中心、新住居体验中心、国家超低能耗建筑产业基地和国家建筑节能产业基地等。

第 2 章　超低能耗绿色建筑的规划设计

2.1　建筑及场地规划

在超低能耗绿色建筑的建筑及场地规划过程中，要遵从环境适宜原则、因地制宜原则及合理规划场地原则，以达到建筑本身与周围环境的和谐共存。

2.1.1　环境适宜原则

每个地方拥有独特的气候和生态环境，如阳光强度、风力大小和风向变化、降水多寡、温度升高或降低及空气湿度变化等（图 2-1），都会对建筑体的营建

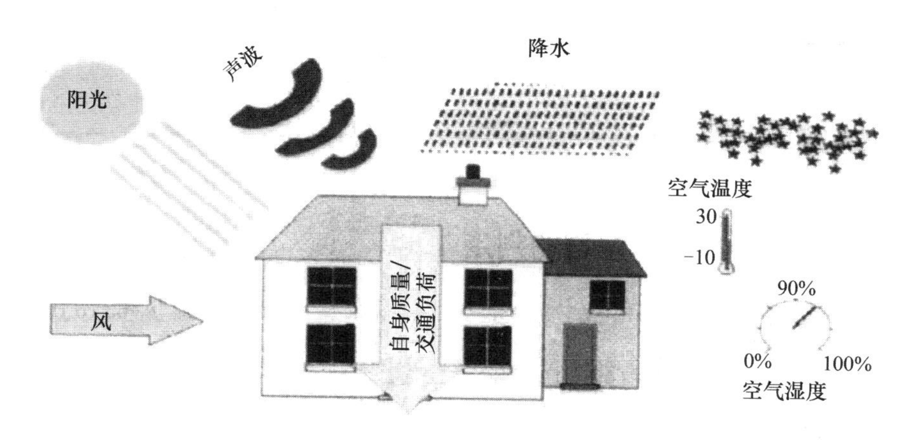

图 2-1　建筑设计需要考虑的主要气候因素

造成限定。被动式超低能耗建筑的环境适宜原则即与具体环境条件相对应采取措施，以便建筑达成良好物理条件（风、光、热等）。环境适应的特征表现为对应不同环境特征，建筑应有不同的设计理念及实施途径。

2.1.2 因地制宜原则

基于因地制宜的原则，分析建筑体量及其功能条件与周边环境的对应关系，充分考虑当地的气候特征、光照、湿度、地形地貌、建筑布局等条件，总结分析出本地的气候特征和周边环境的应对性，尽可能多地挖掘该基地的积极因素，规避掉其消极因素。与此同时，尽量采用适宜性建造方式，辅助以植被屋面、人工湿地或者微型园林等设计手段，使得对自然环境的侵害做出生态方面的补偿，完成建筑和环境的空间置换。

2.1.3 合理规划场地原则

场地建设属于城市建设的一部分，选址受到诸多因素的制约，应尽量选择在生态不敏感区，或对生态环境影响最小的地方。对于已确定的基地，应遵循一个重要的原则：尽可能尊重和保留有价值的生态要素，维持其完整性，使居住区像共生的生物那样，实现人工环境与自然环境的过渡和融合。实施过程中努力做到尊重地形和地貌、保留现状植被、结合水文特征以及保护土壤资源。在“被动房”场地设计当中也要尊重地形地貌，充分利用地形，地形的起伏不仅不会带来难以解决的问题，还可以为“被动房”的建设节省土方量，降低成本，保护土壤和植被，减少开挖带来的资源与能源消耗。

2.2 高效的围护结构设计

对建筑实体而言，外围护结构主要包括：窗户、门、屋顶、地面、楼板和外墙体几大部分，所对应的功能为隔声、通风、保温、隔热、遮阳、采光、视野等几大方面。建筑体是一个合理有机化的整体，各功能并不是孤立存在的，需要相互关联、统筹考虑，才能取得更好的围护结构节能效果。

2.2.1 热工设计

外围护结构的热传导和冷风渗透是节能建筑需要克服的主要问题。提升能量

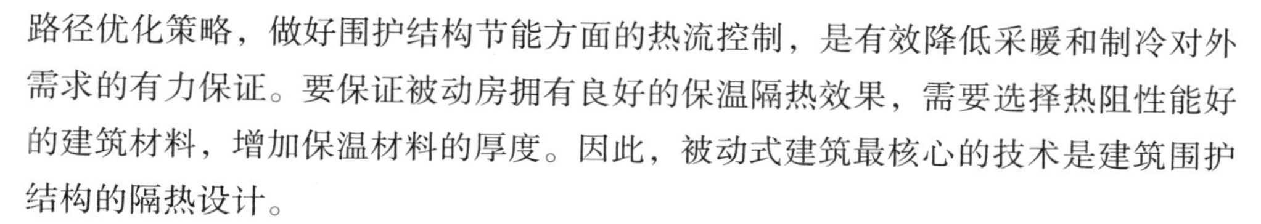

路径优化策略，做好围护结构节能方面的热流控制，是有效降低采暖和制冷对外需求的有力保证。要保证被动房拥有良好的保温隔热效果，需要选择热阻性能好的建筑材料，增加保温材料的厚度。因此，被动式建筑最核心的技术是建筑围护结构的隔热设计。

1. 保温系统的构成

1）透明外围护结构

超低能耗绿色建筑透明外围护结构的透明材料宜选用 Low-E 中空玻璃或真空玻璃，玻璃配置应考虑玻璃层数、Low-E 膜层、真空层、惰性气体、边部密封构造等加强玻璃保温隔热性能的措施。

严寒和寒冷地区宜采用三层玻璃或真空玻璃。采用 Low-E 玻璃时，要综合考虑膜层对 *K* 值和 *SHGC* 值的影响。膜层数越多，*K* 值越小，同时 *SHGC* 值也越小；当需要 *SHGC* 值较小时，膜层宜位于最外片玻璃的内侧；当需要 *K* 值较小时，可选择 Low-E 中空真空玻璃。Low-E 膜应朝向真空层；与普通中空玻璃相比，Low-E 中空真空玻璃传热系数可降低约 2.0W/(m^2·K)；惰性气体填充时，宜采用氩气填充，填充比率应超过 85%，比率越高，隔热性能越好。

高性能门窗及采光顶应选择保温、隔声、气密性能兼优的材料和构造。门窗宜采用内平开窗，不得使用双层窗替代，有利于使用安全和通风采光。通过合理的门窗形式设计，尽可能减少窗框对透明材料部分的分隔，减少框料面积和接缝长度，有利于提高整窗的保温性能和气密性能。采用三道以上耐久性良好的密封材料密封，并采用更加可靠的锁具和锁点布置，提高门窗的密闭性能。从安装方式上来说，为了减小热桥，被动式建筑通常采用外挂式安装方式（图 2-2），并设置金属窗台板，对建筑外保温层起到保护作用。

透明外围护结构透明材料的热工设计宜符合下列要求：（1）玻璃的传热系数应符合《民用建筑热工设计规范（含光盘）》（GB 50176—2016）的相关规定；（2）玻璃的太阳能总透射比应根据现行行业标准《建筑门窗玻璃幕墙热工计算规程》（JGJ/T 151—2008）规定的方法测定；（3）门窗框型材的传热系数应根据现行国家标准《建筑外门窗保温性能分级及检测办法》（GB/T 8484—2008）测定；（4）门窗及采光顶的传热系数应依据现行国家标准《建筑外门窗保温性能分级及检测方法》（GB/T 8484—2008）规定的方法测定，并符合《近零能耗建筑技术标准》（GB/T 51350—2019）的相关要求；（5）门窗及采光顶的太阳得热系数（*SHGC*）应满足《近零能耗建筑技术标准》（GB/T 51350—2019）的相关要求。

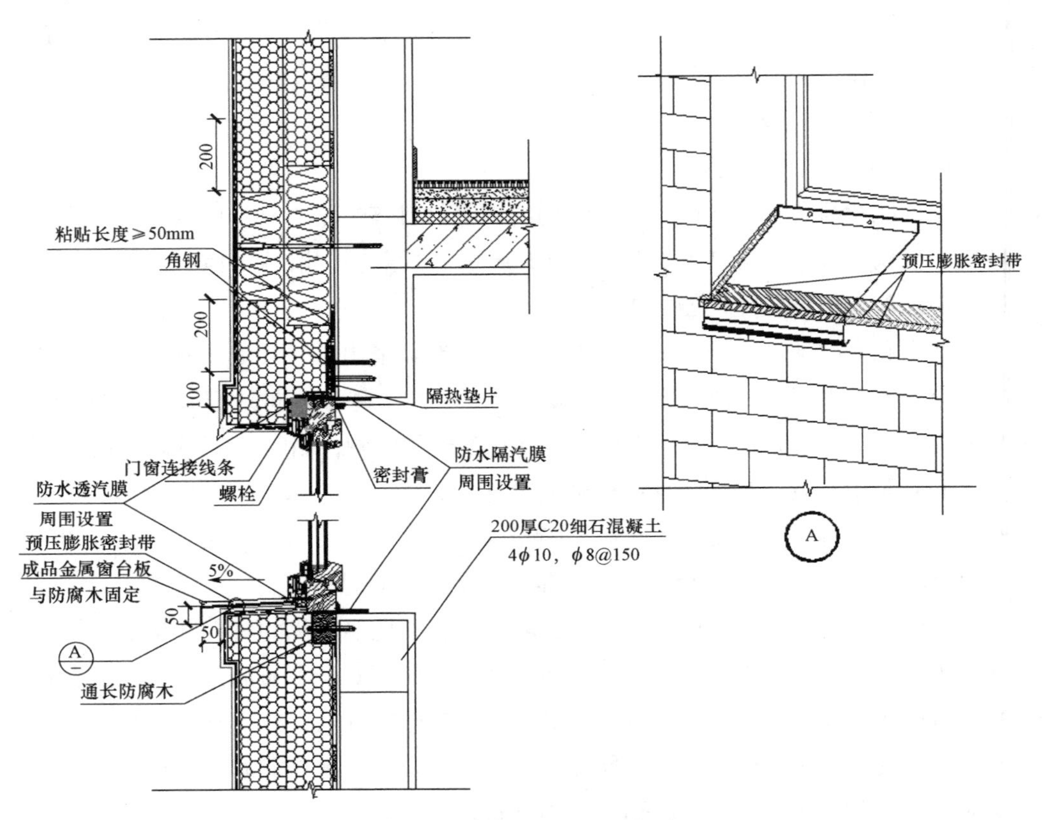

图 2-2　外窗安装节点示意图

2）非透明外围护结构

超低能耗绿色建筑的非透明围护结构，一般采用保温材料将外墙、屋面和其他裸露部位全包覆，形成连续完整的保温体系，使得建筑主体围护结构受到全面保护，一方面使得主体结构受外部温度变化的影响更小，另一方面可有效避免出现结构性热桥。其外保温层比普通建筑更厚，以石墨聚苯板（SEPS）为例，严寒地区保温层厚度可达 300mm 左右。

对于外墙外保温系统，保温层厚度增加，对建筑形式设计及外饰面的种类受到了限制，也对连接可靠性及耐久性构成影响，因此选择材料时应优先选用高效保温材料。同时，在固定保温材料时，应采用专用的断热桥锚栓（图 2-3）。

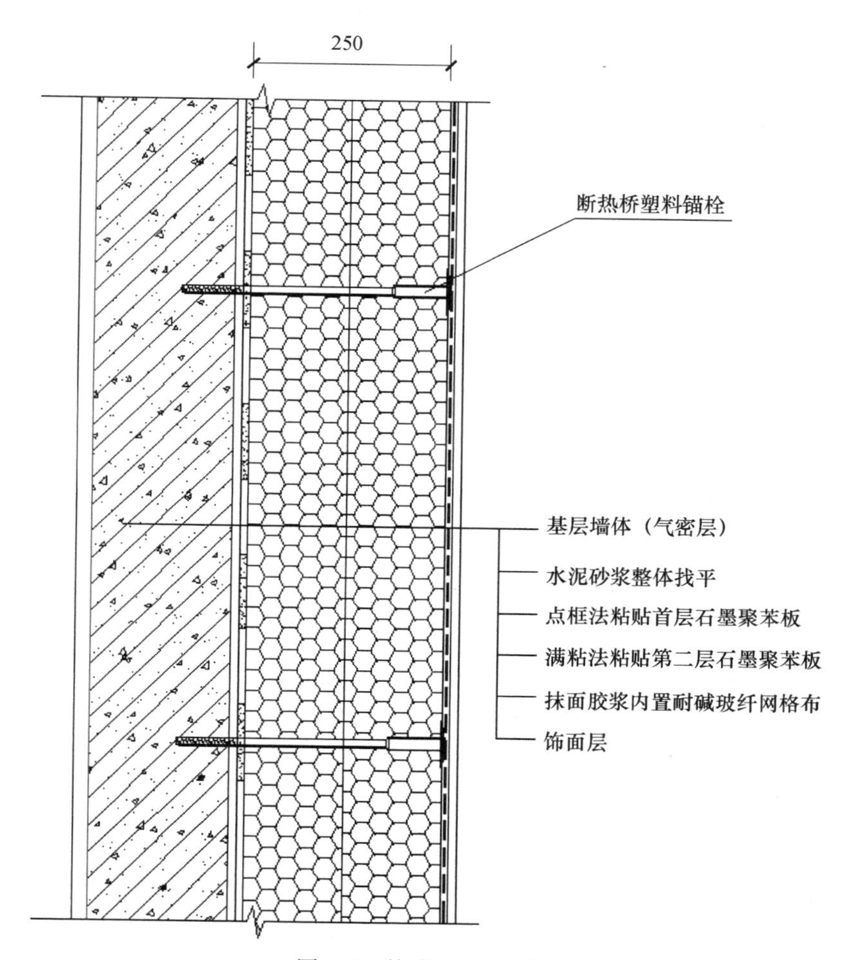

图 2-3　外墙节点示意图

屋面保温层选择，应同时考虑便于保证施工质量和使用安全，选用吸水率较低、抗压性能较高且日晒不易变形的材料（图 2-4）。

非透明外围护结构热工设计宜符合下列要求：（1）外墙、屋面及地面的平均传热系数（*K*）应采用性能化设计方法，经计算分析后确定，其 *K* 值应满足《近零能耗建筑技术标准》（GB/T 51350—2019）的相关规定；（2）当某一非透明外围护结构由不同构造组成时，应按《民用建筑热工设计规范（含光盘）》（GB 50176—2016）的规定计算传热系数；（3）建筑热工设计应进行内表面结露验算，采取防潮措施。

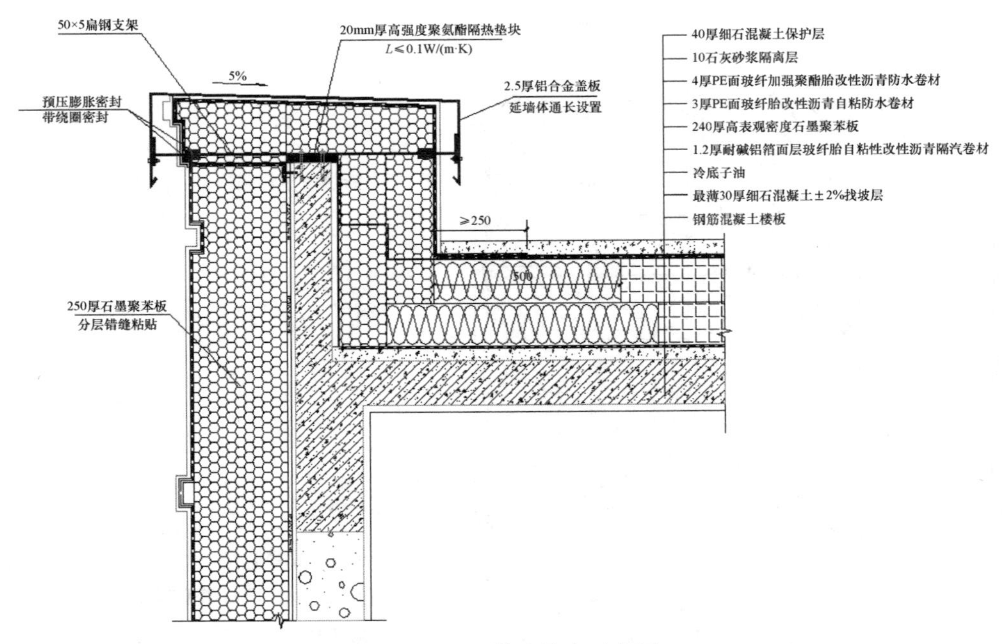

图 2-4　屋面做法节点示意图

3）隔墙、分户墙、楼板

分户墙、分户楼板、分割供暖空间和非供暖空间的隔墙及楼板宜采取保温措施。在实际应用中，分户墙及分割供暖空间和非供暖空间的隔墙通常采用 60mm 厚的无机轻集料保温砂浆（两侧各 30mm），分户楼板通常在板上设置 30～40mm 厚的挤塑聚苯板保温层，同时，考虑对楼板撞击声隔声性能的要求，宜设置 5～10mm 厚隔声垫，以保障室内良好的声环境。对于分割供暖空间和非供暖空间的楼板，如非采暖地下室顶板，通常在板上设置 80mm 左右的挤塑聚苯板，板下设置 100mm 厚的岩棉板。通过以上措施，可以使各围护结构的传热系数满足相关标准要求。

需要注意的是，超低能耗绿色建筑公共区域一般不供暖，其外围护结构应设置外墙保温和高性能保温气密门窗等措施，如此在整个被动区内公共区域的室内环境就取得了可靠保证。其主要功能区域应根据实际环境要求再进行气密区域划分，分户墙及与公共区域之间的隔墙、楼板、分户门等分隔部位，要求按《近零能耗建筑技术标准》（GB/T 51350—2019）的相关要求设置保温措施。

2. 高性能的保温材料

对于外墙外保温系统，保温层厚度增加，会影响固定的可靠性及耐久性，外饰面的种类也受到限制；在目前的建筑面积核算标准下，保温层厚度增加也会占据更多的有效室内使用面积。因此，保温材料选择时，应优先选用高性能保温材料，并在同类产品中选用质量和性能指标优秀的产品，减少保温层厚度。

1）石墨聚苯板

如图 2-5 所示，石墨聚苯板的全称是石墨模塑聚苯乙烯泡沫塑料（俗称“黑泡沫”或“黑板”，简称 SEPS），其广泛应用于建筑内、外墙保温系统。《近零能耗建筑技术标准》（GB/T 51350—2019）给出的石墨聚苯板的性能指标如下：导热系数（25℃）不大于 0. 032W/(m · K)，表观密度为 18 ~ 22kg/m^3，垂直于板面方向的抗拉强度不小于 0. 1MPa，尺寸稳定性不大于 0. 3%，吸水率不大于 2%。

图 2-5　石墨聚苯板样图

2）岩棉带

如图 2-6 所示，岩棉带是岩棉板形态的一种，其纤维方向为垂直板面方向，具有更强的抗拉强度和抗压强度，用于外墙保温有更高的安全系数。《近零能耗建筑技术标准》（GB/T 51350—2019）给出的岩棉带的性能指标如下：导热系数（25℃）不大于 0. 044W/(m · K)，质量吸湿率不大于 0. 5%，垂直于板面方向的抗拉强度不小于 0. 15MPa，短期吸水量（部分浸入）不大于 0. 5kg/m^2，酸度系数不小于 1. 8。

图 2-6 岩棉带样图

3）膨胀聚苯板

如图 2-7 所示，膨胀聚苯板即模塑聚苯板，又名 EPS 板。是由含有挥发性液体发泡剂的可发性聚苯乙烯珠粒，经加热预发后在模具中加热成型的具有微细闭孔结构的白色固体，用作建筑墙体、屋面保温、复合保温板材的保温层。《近零能耗建筑技术标准》（GB/T 51350—2019）给出的膨胀聚苯板的性能指标如下：导热系数（25℃）不大于 0.037W/(m·K)，表观密度为 18 ~ 22kg/m^3，垂直于板面方向的抗拉强度不小于 0.1MPa，尺寸稳定性不大于 0.3%，吸水率不大于 2%。

图 2-7 膨胀聚苯板样图

4）真空绝热板

如图 2-8 所示，真空绝热板（VIP 板）是一种超绝热的保温材料。因它的导热系数极低，所以在满足相同保温技术要求时，具有保温层厚度薄、体积小、质量轻的优点，适用于节能要求较高和要求保温材料体积小、质量轻、有较大技术经济意义的场合。《近零能耗建筑技术标准》（GB/T 51350—2019）给出的膨胀聚苯板的性能指标如下：导热系数（25℃）不大于 0.008W/(m·K)，穿刺强度不小于 18N，垂直于板面方向的抗拉强度不小于 80kPa，压缩强度不小于 100kPa，表面吸水量不大于 $100g/m^2$，穿刺后垂直于板面方向的膨胀率不大于 10%。

图 2-8　真空绝热板样图

5）聚氨酯板

如图 2-9 所示，聚氨酯板是指完全由聚氨酯材料（PU）制成，或是由聚氨酯材料和彩钢板复合形成的聚氨酯夹芯板，可用于民用建筑外保温系统，且已成为聚氨酯材料使用最广泛的产品体系。《近零能耗建筑技术标准》（GB/T 51350—2019）给出的膨胀聚苯板的性能指标如下：芯材导热系数（25℃）不大于 0.024W/(m·K)，芯材表观密度不小于 $35kg/m^3$，垂直于板面方向的抗拉强度不小于 0.1MPa，芯材尺寸稳定性（70℃，48h）不大于 1%，吸水率不大于 2%。

图 2-9　聚氨酯板样图

2.2.2　气密性设计

建筑气密性关乎建筑体与外界能量交换和能量流失，是实现低能耗建筑能效目标的核心因素之一，也是被动房认证标准的测试指标之一，所有被动式建筑在建设完成后均需进行气密性 N_{50} 的测试，其测试结果直接决定建筑能否达到超低能耗绿色建筑标准。

良好的气密性可以减少冬季冷风渗透，降低夏季非受控通风导致的供冷需求增加，避免湿气侵入造成的建筑发霉、结露等损坏，减少室外噪声和室外空气污染等不良因素对室内环境的影响，提高居住者的生活品质。对实现超低能耗目标来说，由于其极低的能效指标，由单纯围护结构传热导致的能耗已较小，这种条件下造成气密性对能耗的影响比例大幅提升，因而被动式建筑在外围护结构上必须进行符合要求的气密性设计。按照外围护结构的组成构件，主要包含内外抹灰、各类洞口、穿墙管线、风井及烟井等。

气密性设计主要应遵循以下原则：

1）建筑围护结构的气密层应连续并包绕整个气密区，建筑设计施工图中应明确标注气密层的位置。建筑围护结构气密层应连续并包围整个外围护结构，见图 2-10。

2）围护结构设计时，应进行气密性专项设计。

3）建筑设计应选用气密性等级高的外门窗，外门窗与门窗洞口之间的缝隙应做气密性处理。处理外门窗与窗洞口之间缝隙的主要措施是采用耐久性良好的密封材料密封，室内侧宜使用防水隔汽膜，室外侧使用防水透汽膜，隔汽膜（透汽膜）性能指标应符合相关标准的规定，且应满足下列要求：（1）防水隔汽膜（透汽膜）与门窗框粘贴宽度不应小于 15mm，粘贴应紧密，无起鼓漏气现象；（2）防水隔汽膜（透汽膜）与基层墙体粘贴宽度不应小于 50mm，粘贴密实，无起鼓漏气现象。

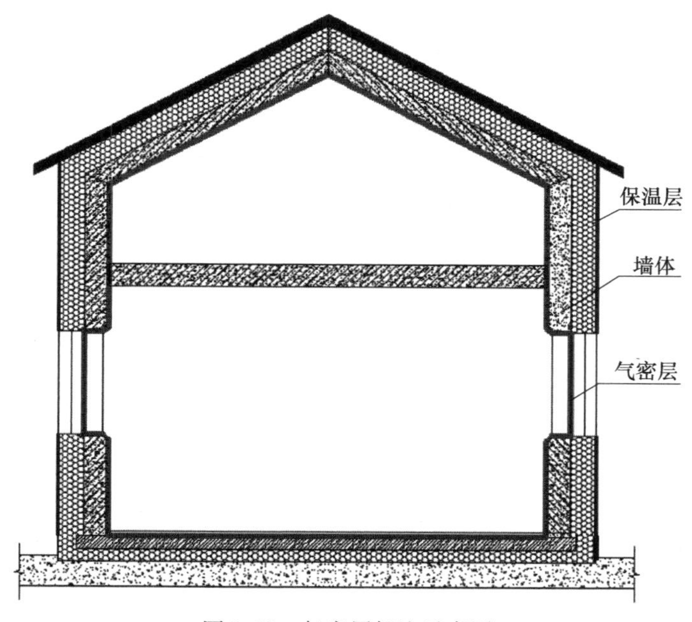

图 2-10　气密层标注示意图

4）气密层设计应依托密闭的围护结构层，并应选择适用的气密性材料。

5）围护结构洞口、电线盒、管线贯穿处等易发生气密性问题的部位应进行节点设计，并应对气密性措施进行详细说明。除此之外，穿透气密层的电力管线等宜采用预埋穿线管等方式，不应采用桥架敷设方式。围护结构洞口、电线盒和管线贯穿处等部位不仅是容易产生热桥的部位，同时也是容易产生空气渗透的部位，其气密性的节点设计应配合产品和安装方式进行设计，电线盒气密性处理可按图 2-11 设计。

6）不同围护结构的交界处以及排风等设备与围护结构交界处应进行密封节点设计，并应对气密性措施进行详细说明。

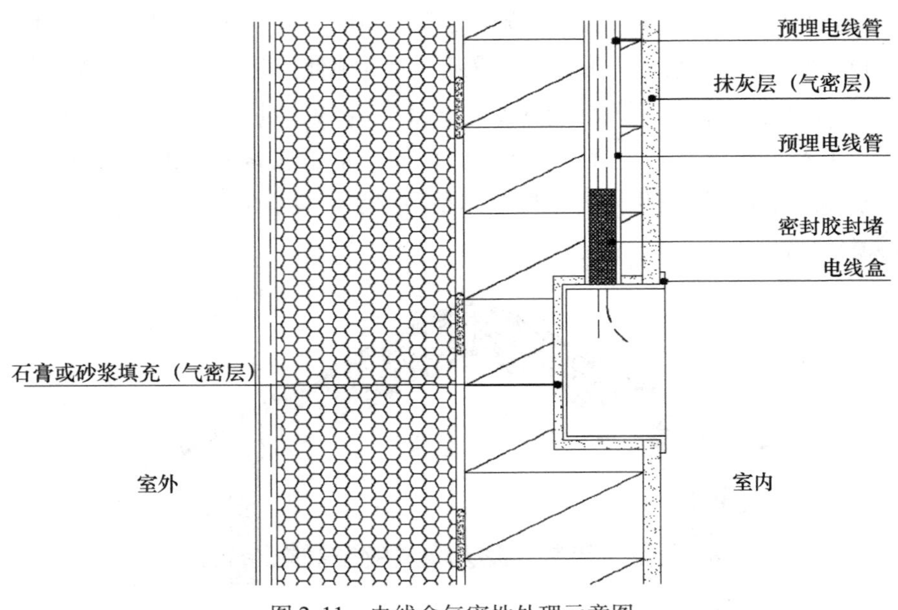

图 2-11　电线盒气密性处理示意图

2.2.3　无热桥设计

热桥是建筑外围护结构当中热损量较大的部位，是指建筑当中传热系数相比其他部位偏大的建筑构件，相对应的保温性能很低，当室内外的温差较大时，该区域就会形成热流相对密集的区域，从而极大地增加建筑内部热损的数值，同时会导致潮湿隐患的产生，滋生霉菌、粘灰、结露、变黑。

外围护结构，包括围护外墙、围护屋顶等，当采用足够被动式建筑标准的时候，其阻热性能就拥有了足够的保障，这种条件下热桥就成为影响室内环境舒适度至关重要的因素。

1. 易出现热桥的部位

如图 2-12 所示，在被动房节点设计防止热桥、提高气密性方面，主要有以下几处重要部位：A 檐口、B 楼板节点、C 墙角、D 窗户节点。针对以上几处重要部位，首先，保证拥有完整的外保温层（图中标注部分）及其计算合理的保温层厚度；其次，尽可能减少图中所示热桥，完善被动房关键节点设计，避免热桥，提高施工质量，注重所有边角位置的细节处理；最后，保证其完整的气密性，在所有的细部节点部位都有清晰的连通。

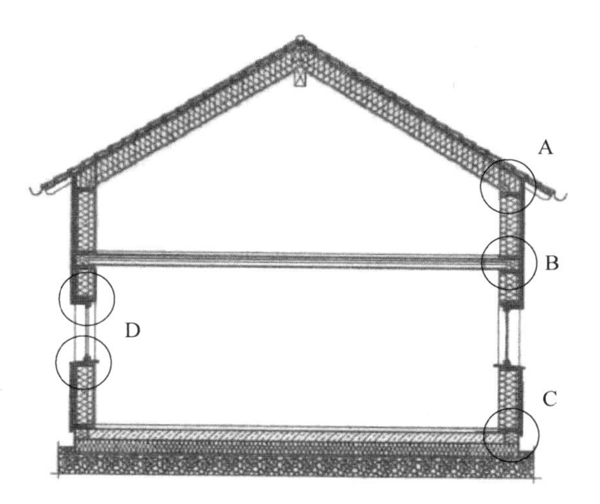

图 2-12　热桥易出现部位

2. 无热桥设计原则

为了避免热桥的存在，如合理有效地避免阳台部位的热桥，或者实现热桥最小化，可采用预安装的方式，保证建筑物的构件完全包裹在外保温层当中，避免内外的穿透性构件，导致热量的散失。

被动房节能建筑设计标准要求我们进行设计建造时，应该保持外围护结构的保温层是连续并且完整的，不允许结构性热桥的出现。

建筑节点构造及无热桥设计应遵循以下原则：避让规则——外装饰构件与外墙之间的连接件、锚固件等不应破坏或穿透外围护结构；击穿规则——当管线等必须穿透外围护结构时，应在穿透处增大孔洞，保证足够的间隙进行保温填充；连接规则——保温层在建筑部件连接处应连续无间隙；几何规则——减少围护结构形体凹凸变化，减少散热面积。

3. 具体部位的无热桥设计

1）外墙无热桥设计

（1）外墙保温采用单层保温板材时，保温板材间缝隙应用保温材料填实或采用企口连接；当采用双层保温时，应采用错缝粘结，避免保温材料间出现通缝。

（2）墙角处宜采用成型保温构件，避免角部开裂。

（3）突出外墙的空调板、墙肢等构件和突出屋面的女儿墙、柱、构架等构件，应采用保温材料将外凸构件全包覆。该部位外墙室内表面温度应采用冬季设计温度按照《民用建筑热工设计规范（含光盘）》（GB 50176—2016）的要求进行计算，保温层厚度应经计算确定，满足室内侧表面温度不低于17℃的要求。

（4）悬挑的开敞阳台、雨篷等挑板部位宜采取挑梁断板的形式进行断热桥处理，降低与主体的接触面积，且冬季挑梁部位外墙内表面无结露。

（5）穿过外墙的管道与预留洞（套管）间应预留保温空间，确保周边墙面温度满足超低能耗绿色建筑室内环境参数的规定。

（6）风管、排气管与室外空气连通，为避免该部位外墙出现结露，要求管道与预留洞（套管）间设置保温材料，削弱管道与建筑主体之间的热桥。穿透外墙的导热性强的构件与外墙连接时应考虑该部位热桥的影响，构件与主体结构之间应设置满足受力要求的隔热垫块削弱热桥；构件与保温层外表面应采取密闭措施保证抹面层连续不开裂。

（7）固定保温层的锚栓应采用断热桥锚栓。

（8）外墙上不宜固定导轨、龙骨、支架等可能导致热桥的构件；必须固定时，应采取有效隔断热桥措施；构件穿透保温层时，保温层与构件之间必须进行密封处理。

（9）外墙外保温系统中的穿透构件与保温层之间的间隙，应采取有效保温密封措施。

2）屋面无热桥设计

（1）屋面保温层应与外墙的保温层连续，不得出现结构性热桥。屋面与外墙连接处一般为外保温较为薄弱的部位，此部位长度大，一旦存在热桥，热损失过大，因此要求保温层应连续完整。

（2）对女儿墙等凸出屋面的结构体，其保温层应与屋面、墙面保温层连续。女儿墙作为凸出屋面的构件，应进行无热桥处理，且女儿墙长度过大，对建筑热需求影响大，尤其对顶层住宅的室内环境和热需求影响显著，因此要求女儿墙部位的热阻应与屋面热阻一致。

（3）管道穿屋面部位应采取断热桥措施，确保屋顶内表面温度满足超低能耗绿色建筑室内环境参数规定。

3）地面、非供暖地下室顶板处的无热桥设计

（1）高于室外地坪500mm以下部分的外墙外保温系统，宜采用耐腐蚀、耐

冻融性能较好的材料，且应从地上外墙连续粘贴至地下室外墙，并向下延伸至当地冻土层以下，且地下室外墙外侧保温层内部和外部应分别设置一道防水层，防水层均应延伸至室外地面500mm及以上。

（2）室外地坪500mm以下部位易受到雨水溅落、附着物侵蚀等影响，宜采用挤塑聚苯板、泡沫玻璃等吸水率低、耐腐蚀的材料。对于住宅项目，被动式设计区域一般始于一层，且地下室无供暖，考虑到地下部分外墙对建筑供暖需求，尤其是首层室内环境的影响，外保温应延伸至冻土层以下。地下室外墙内侧、与顶板相连的竖向隔墙两侧需进行无热桥处理，热桥值ψ不宜大于0.3W/(m·K)，且热桥值应纳入冷热需求及一次能源消耗计算。室外地坪处外墙保温做法示意见图2-13。

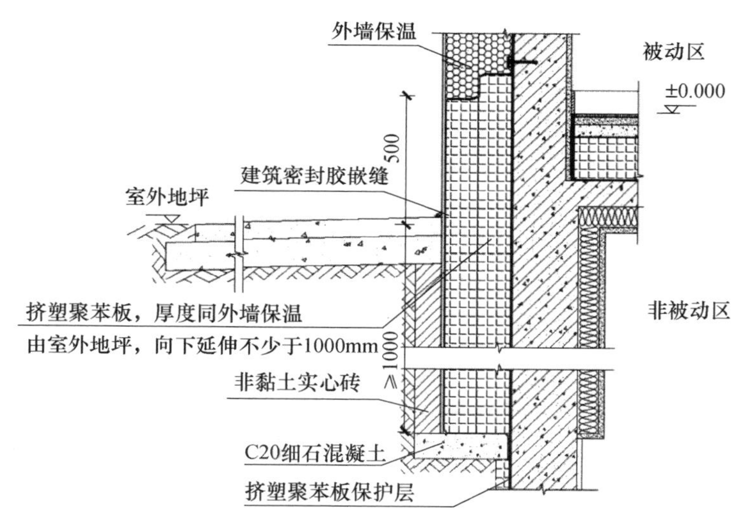

图2-13　室外地坪处外墙保温做法示意图

（3）不供暖地下室顶板的保温层设置于地下室顶棚或底层楼面垫层中时，地下室顶棚及外墙、内隔墙均应做保温处理；保温处理应从外墙、内隔墙与顶板交角处向下侧墙体延伸，延伸长度及保温层厚度应由计算确定，且延伸长度不宜小于1000mm。

4）外门窗无热桥设计

外门窗宜采用外挂式安装，门窗框与主体结构连接处应采取断热桥措施。外门窗与结构墙之间的缝隙应采用耐久性良好的密封材料密封严密，室内一侧使用防水隔汽膜，室外一侧使用防水透汽膜。

5）室外雨水管的无热桥设计

（1）雨水口组件与女儿墙或屋面板预留洞之间应设保温隔热层。

（2）雨水管与墙体之间的固定应采用无热桥连接。

6）窗台处的无热桥设计

为了保护窗台处的保温层，避免日晒雨淋的侵蚀和踩压的破坏，设置窗台板至关重要，为了便于安装，通常采用成品金属窗台板，且宜采用工业化生产构件，做好防锈处理。其安装应符合下列规定：

（1）金属窗台板与窗框之间应有结构性连接，并采取密封措施；窗台板需固定于窗框，应嵌入窗框下口 10 ~ 15mm；两侧端头应上翻，并嵌入窗侧口的保温层中 20 ~ 30mm。

（2）金属窗台板下侧与外墙保温层的接缝处应采用预压膨胀密封带密封。

（3）金属窗台板应采取抗踩压措施；当外墙面保温层较厚时，窗台板自身强度不足或无其他承托措施则不能满足上人、置物的荷载要求，所以要求窗台板自身应具备足够的强度或通过采取支撑架、支撑板等安全措施，满足擦窗、安装空调时上人踩压等需要。

（4）金属窗台板应设滴水线。

7）女儿墙顶部保温无热桥设计

女儿墙等顶部保温层宜设置金属盖板保护，金属盖板与围护结构基层的连接应采取阻断热桥的措施。

8）女儿墙、屋面上人口、凸出屋面的管道无热桥设计

女儿墙、屋面上人口、突出屋面的管道等构件的保温层顶部是薄弱环节，宜受到日晒雨淋的自然侵蚀或人为的踩压破坏，宜采用金属盖板进行保护，盖板与主体结构之间应采用断热桥锚栓固定。

2.3 设备系统设计

提升建筑节能效果，需要从建筑设备系统方面考虑更好的节能方式，包含三个方面的内容：第一，针对建筑气密性特点，利用提升室内空气品质的带高效热回收的新风系统，置换新鲜空气的同时对室内排风进行热回收；第二，与节能型

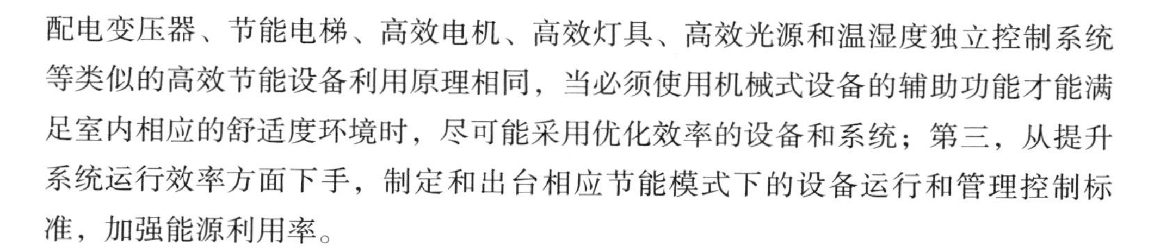
配电变压器、节能电梯、高效电机、高效灯具、高效光源和温湿度独立控制系统等类似的高效节能设备利用原理相同，当必须使用机械式设备的辅助功能才能满足室内相应的舒适度环境时，尽可能采用优化效率的设备和系统；第三，从提升系统运行效率方面下手，制定和出台相应节能模式下的设备运行和管理控制标准，加强能源利用率。

2.3.1　空调系统

超低能耗绿色建筑原则上要求新风系统能够满足室内热、冷负荷的需求，但在寒冷地区，室外温度较低情况下，新风系统有时难以承担室内全部热负荷。考虑集中冷热源调节、输送效率等因素，一般超低能耗绿色建筑宜采用小型分散式冷热源，如紧凑式的户式能量回收新风热泵一体机等。

超低能耗绿色建筑的冷热源应满足以下要求：

1）超低能耗绿色建筑冷热源的选择，应根据当地资源情况、节能要求、环境保护、能源的高效利用等综合因素，经技术经济分析确定。近年来，由于能源结构的变化、供热体制改革及住宅的商品化，建筑供暖、供冷技术出现多元化发展趋向。建筑应该从实际条件出发，合理选择冷热源的配置形式。

2）超低能耗建筑的冷热源应合理利用可再生能源，减少一次能源的使用。超低能耗绿色建筑单位面积供暖、制冷能耗很小，完全可以考虑由可再生能源来提供。可再生能源主要包括太阳能、地源热泵、空气源热泵及生物质燃料等。太阳能系统应优先采用太阳能热水系统，满足采暖或生活热水需求。采用太阳能光伏系统，可直接进一步降低建筑能源消耗。

3）冷热源宜满足：（1）住宅类居住建筑宜设置分散式冷热源，非住宅类居住建筑宜设置集中式冷热源。（2）寒冷地区，当分散供暖时，宜优先采用空气源热泵；当集中供暖时，宜以空气源热泵、地源热泵或生物质锅炉为热源，并采用低温供暖方式。有峰谷电价的地区，可利用夜间低谷电蓄热供暖。（3）严寒地区，当分散供暖时，宜优先采用燃气供暖炉；当集中供暖时，宜以地源热泵、工业余热或生物质锅炉为热源，并采用低温供暖方式。（4）有峰谷电价的地区，可利用夜间低谷电蓄热供暖。

4）在冷热源设备选型时，应满足：（1）当地全年室外气候条件下的正常运行要求及建筑全年供暖、供冷及新风处理要求；（2）在部分负荷下能高效运行且采用变频控制，使用环保型工质；（3）选用户式空气源热泵选型时，考虑当地气候环境、生活习惯、建筑特点、间歇运行、设备特点等因素进行附加。

2.3.2 新风系统

超低能耗绿色建筑应采用高效新风热回收系统，通过回收利用排风中的能量降低供暖制冷需求，不用或少用辅助供暖制冷系统，实现超低能耗目标。

由于超低能耗绿色建筑具有良好的围护结构及气密性等设计，可有效地降低建筑的冷热负荷及全年能耗。冬季供暖时依靠建筑内的被动得热，其供暖需求可进一步降低，这使得仅使用高效新风热回收系统，不用或少用辅助供暖系统成为可能。

1. 新风系统设计原则

1）新风热回收系统设计应考虑全年运行的合理性及可靠性。

2）新风机组能量回收系统设计时，应进行经济技术分析，选取合理技术方案。

3）新风机组设置旁通模式，可实现当室外空气温度低于室内温度时，直接利用新风系统进行通风满足室内供冷需求。

4）对卫生间排风有回收后排放和直接排放两种方式，设计时应根据卫生间排风的使用时间、对节能的量化分析和热回收装置结构特点，综合考虑确定。

5）新风热回收装置类型应结合其节能效果和经济性综合考虑确定，设计时应采用高效热回收装置。新风热回收装置按换热类型分为全热回收型和显热回收型两类。由于能量回收原理和结构不同，有板式、转轮式、热管式和溶液吸收式等多种形式，设计时应选用高热回收效率的装置。

6）热回收装置的类型应根据地区气候特点，结合工程的具体情况综合考虑确定。夏热冬冷和夏热冬暖地区夏季室外空气相对湿度和焓差大，选用全热回收装置，与显热回收相比具有更好的节能效果；严寒和寒冷地区，全热回收装置同显热回收装置节能效果相当，显热回收具有更好的经济性，但全热回收装置利于降低冬季结霜的风险，并有助于夏季室内湿度控制。

2. 新风系统设计要点

1）新风热回收系统宜设置低阻高效的空气净化装置。随着人们对细颗粒物（$PM_{2.5}$）影响人体健康认识的逐渐深入，室内细颗粒物（$PM_{2.5}$）浓度已成为室

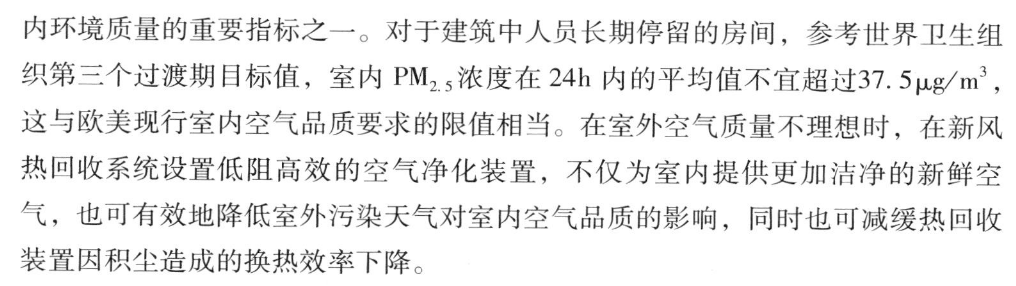

内环境质量的重要指标之一。对于建筑中人员长期停留的房间，参考世界卫生组织第三个过渡期目标值，室内 $PM_{2.5}$浓度在 24h 内的平均值不宜超过$37.5\mu g/m^3$，这与欧美现行室内空气品质要求的限值相当。在室外空气质量不理想时，在新风热回收系统设置低阻高效的空气净化装置，不仅为室内提供更加洁净的新鲜空气，也可有效地降低室外污染天气对室内空气品质的影响，同时也可减缓热回收装置因积尘造成的换热效率下降。

2）严寒和寒冷地区新风热回收系统应采取防冻及防结霜措施。当新风温度过低时，热交换装置容易出现冷凝水结冰或结霜，堵塞蓄热体气流通道或者阻碍蓄热体旋转，影响热回收效果。可安装温度传感器，当进风温度低于限定值时，启动预加热装置、降低转轮转速或开启旁通阀门。预热可采用加热装置预热室外空气或地道风（土壤热交换器）预热室外空气这两种方式。

3）居住建筑新风系统宜分户独立设置，并应按用户需求供应新风量。居住建筑新风系统宜分户独立设置且可调控，通过监测室内二氧化碳浓度或颗粒物浓度指标，按用户需求进行供应。设计中也可以根据户型面积、房屋产权及管理形式进行合理设计。

4）新风系统宜设置新风旁通管，当室外温湿度适宜时，新风可不经过热回收装置直接进入室内。只有减少的新风处理能耗低于自身运行能耗时，新风热回收装置才经济节能。设置旁通阀，可以根据最小经济温差（焓差）控制新风热回收装置的开启，降低能耗。

5）与室外连通的新风、排风和补风管上均应设置保温密闭型电动风阀，并与新风系统联动。与室外连通的风管会直接破坏超低能耗绿色建筑良好的气密性，对保温的连续性也会带来影响，因此，需在与室外连通的风管上设置保温密闭型电动风阀，并确保当新风热回收、排油烟机等机组未开启时，与室外连通的风管上设置的保温密闭型电动风阀能够关闭严密，不得漏风。

6）厨房宜设置独立补风系统。厨房在做饭时会产生大量的油烟和水蒸气，且瞬时通风量大，因此应设置独立的排油烟补风系统，降低厨房排油烟导致的冷热负荷。设置独立补风系统时，补风宜从室外直接引入，补风管道应保温，且补风引入口应设保温密闭型电动风阀，并与排油烟机联动；厨房宜安装闭门器，避免厨房通风影响其他房间的气流组织和送排风平衡。设计中应对补风管道尺寸进行校核，避免补风口流速过高造成的噪声问题；补风管道应保温，防止结露；补风口尽可能设置在灶台附近，缩短补风距离；补风系统不应影响油烟排放效果。

7）新风系统可根据室内 CO_2 浓度实现自动启停。当室内 CO_2 浓度高于超低能耗绿色建筑室内环境参数要求时，新风系统开启，通过补充新风并排走室内废气，将室内 CO_2 浓度处理至标准要求值时，新风系统关闭。自动启停的设计可以在保证室内环境要求的前提下，最大限度地降低新风系统的能耗。

2.3.3 照明

超低能耗绿色建筑宜采用智能照明控制系统，实现低能耗运行。针对走廊、楼梯间、门厅、电梯厅、卫生间、停车库等公共区域场所的照明，应优先选择就地感应控制，其次为集中开关控制，以保证安全需求。

LED 照明光源近年来发展迅速，是发光效率最高的照明光源之一，建议在超低能耗建筑设计时选用，但是目前发光二极管灯在性能稳定性、一致性方面还存在一定的缺陷，建筑应在保障视觉健康的同时降低照明能耗，在光源颜色的选取上应满足《建筑照明设计标准》（GB 50034）的规定。

此外，采用下沉广场（庭院）、天窗、导光管系统等，可改善地下空间的采光，减少照明光源的使用，降低照明能耗。

2.3.4 生活热水

1. 热源选择

1）集中热水供应系统的热源，宜利用余热、废热、可再生能源或空气源热泵作为热水供应热源。当最高日生活热水量大于 5m^3时，除电力需求侧管理鼓励用电，且利用谷电加热的情况外，不应采用直接电加热热源作为集中热水供应系统的热源。

2）以燃气或燃油作为热源时，宜采用燃气或燃油机组直接制备热水。当采用锅炉制备生活热水或开水时，锅炉额定工况下热效率应满足《公共建筑节能设计标准》（GB 50189—2015）等标准的相关要求。

3）当采用空气源热泵热水机组制备生活热水时，制热量大于 10kW 的热泵热水机组名义制热工况和规定条件下，性能系数（*COP*）不宜低于《公共建筑节能设计标准》（GB 50189—2015）等标准的规定，并应有保证水质的有效措施。

2. 系统布置及安装

1）小区内设有集中热水供应系统的热水循环管网服务半径不宜大于 300m 且不应大于 500m。水加热、热交换站室宜设置在小区的中心位置。

2）仅设有洗手盆的建筑不宜设计集中生活热水供应系统。设有集中热水供应系统的建筑中，日热水用量设计值大于等于 5m^3或定时供应热水的用户宜设置单独的热水循环系统。

3）集中热水供应系统的供水分区宜与用水点处的冷水分区同区，并应采取保证用水点处冷、热水供水压力平衡和保证循环管网有效循环的措施。

4）集中热水供应系统的管网及设备应采取保温措施，保温层厚度应按现行国家标准《设备及管道绝热设计导则》（GB/T 8175）中经济厚度计算方法确定。

3. 系统监测和控制

集中热水供应系统的监测和控制宜符合下列规定：（1）对系统热水耗量和系统总供热量值宜进行监测；（2）对设备运行状态宜进行检测及故障报警；（3）对每日用水量、供水温度宜进行监测；（4）装机数量大于等于 3 台的工程，宜采用机组群控方式。

2.3.5　室内环境及能耗监测

当采用空调系统进行供暖、供冷和通风时，空调设备自身及其系统不仅应是高效节能的，而且其运行模式也应是智能的、节能的，空调系统应能配合室内负荷、空气质量的动态变化而动态调节，实现真正意义上的节能。

超低能耗绿色建筑的通风、空调系统应对室内环境及能耗进行监测，并满足以下要求：

1）通风、空调系统应对室内空气温度、室内 CO_2浓度、室内 $PM_{2.5}$浓度应进行监测。

2）通风、空调系统应能根据室内温度、室内 CO_2浓度、室内 $PM_{2.5}$浓度设定值等室内环境参数自动智能运行。

3）条件允许时，应对通风、空调系统末端设置温度自动控制装置。

4）对于通风、空调系统不同末端形式宜选用不同的控制方式，并符合下列规定：（1）全空气系统通过送风温度和送风量的调节实现对室内温度、CO_2浓度的控制；（2）风机盘管末端应根据回风温度，采用电动水阀和风速相结合的控制方式；（3）公共区域风机盘管应能按使用时间进行定时启停，并对室内温度设定值范围进行限制；地板辐射或毛细管末端宜采用分室温控。

5）宜对典型户型的供暖供冷、照明及插座的能耗进行分项计量。

2.4 能耗模拟分析

在建筑方案设计的过程中，同一个问题往往存在多种解决方法，然而建筑师在设计过程中无法直接判断每种方法的节能效益好坏。因此在策略推导的过程中，通过软件模拟可以为不同的建筑本体节能要素提供准确的数据支撑，保证超低能耗策略的真实性。

2.4.1 能耗模拟的发展与应用

建筑能耗模拟的发展开始于20世纪60年代中期，有一些学者采用动态模拟方法分析建筑围护结构的传热特性并计算动态负荷。初期的研究重点是传热的基础理论和负荷计算方法，例如一些简化的动态传热计算法，如度日法和温频法等。在这个阶段，建筑能耗模拟的主要目的是改进围护结构的传热特性，20世纪70年代的全球石油危机之后，建筑能耗模拟越来越受到重视，同时随着计算机技术的飞速发展，使得大量复杂的计算成为可能。因此在全世界出现了一些建筑能耗模拟软件，包括美国的BLAST、DOE-2，英国的ESP-r，日本的HASP和中国的DeST等。20世纪90年代初，化石能源的大量消耗和氟利昂制冷剂的泄漏造成大气臭氧层的破坏，全球变暖现象加剧，健康舒适但能耗较低的绿色建筑成为全世界范围建筑的发展重点。绿色建筑的发展使得建筑模拟成为必须。这段时间，建筑模拟软件不断完善，并出现了一些功能更为强大的软件，例如EnergyPlus，建筑模拟的研究重点也逐步从模拟建模（modeling）向应用模拟方法转移。即将现有的建筑能耗模拟软件应用于实际的工程和项目，改善和提高建筑系统的能效和性能。

经过多年的发展，建筑模拟已经在建筑环境和能源领域得到越来越广泛的应用，贯穿于建筑的整个寿命周期，包括建筑的设计、建造、运行、维护和管理，具体的应用有：

1）建筑冷/热负荷的计算，用于空调设备的选型；

2）在设计新建筑或者改造既有建筑时，对建筑进行能耗分析，以优化设计

或节能改造方案；

3）建筑能耗管理和控制模式的设计与制订，保证室内环境的舒适度，并挖掘节能潜力；

4）与各种标准规范相结合，帮助设计人员设计出符合国家或当地标准的建筑；

5）对建筑进行经济性分析，使设计人员对各种设计方案从能耗与费用两方面进行比较。

2.4.2　能耗模拟计算的一般规定

1. 能耗模拟软件应具备的功能

1）能模拟计算围护结构（包括热桥部位）传热、太阳辐射得热、建筑内部得热、通风热损失四部分形成的负荷，计算中应能考虑建筑热惰性对负荷的影响；

2）能模拟计算 10 个以上的建筑分区；

3）能计算建筑供暖、通风、空调、照明、生活热水、电梯系统的能耗和可再生能源系统的利用量及发电量；

4）对于居住建筑，应采用逐时计算方法进行冷热需求计算；

5）能计算新风热回收和气密性对建筑能耗的影响。

2. 能耗指标的计算方法和基本参数

1）气象参数应按现行行业标准《建筑节能气象参数标准》（JGJ/T 346）的规定选取；

2）供暖年耗热量和供冷年耗冷量应包括围护结构的热损失和处理新风的热（或冷）需求；处理新风的热（冷）需求应扣除从排风中回收的热量（或冷量）；

3）应计算围护结构（包括热桥部位）传热损失、渗透热损失、通风热损失、太阳辐射得热、建筑内部得热五部分形成的负荷，计算中应考虑建筑热惰性对负荷的影响；

4）当室外温度≤28℃且相对湿度≤70%时，应利用自然通风，不计算建筑的供冷需求；

5）冬季超低能耗绿色建筑的室内湿度一般都在 30% 以上，冬季湿负荷不参与能耗计算；

6）供暖通风空调系统能耗计算时应能考虑部分负荷及间歇使用的影响；

7）照明能耗的计算应考虑自然采光和自动控制的影响；

8）应计算可再生能源利用量。

3. 设计建筑能效指标计算参数设置

1）建筑的形状、大小、朝向、内部的空间划分和使用功能、建筑构造尺寸、建筑围护结构传热系数、做法、外窗（包括透光幕墙）、太阳得热系数、窗墙面积比、屋面开窗面积应与建筑设计文件一致；

2）建筑功能区除设计文件中已明确的非供暖和供冷区外，均应按设置供暖和供冷的区域计算；

3）房间人员密度及在室率、电器设备功率密度及使用率、照明开启时间可参照《近零能耗建筑技术标准》（GB/T 51350—2019）或地方超低能耗绿色建筑的有关标准设置，新风开启率按人员在室率计算；

4）照明系统的照明功率密度值应与建筑设计文件一致；

5）供暖、通风、空调、生活热水、电梯系统的系统形式和能效应与设计文件一致；生活热水系统的用水量应与设计文件一致，并应符合现行国家标准《民用建筑节水设计标准》（GB 50555）的规定；

6）可再生能源的类型包括太阳能光热、光电利用、热泵、风力发电及生物质能等，可再生能源系统形式及效率应与设计文件一致；

7）居住建筑能效指标应以套内使用面积为基准。建筑套内使用面积是指建筑套内设置供暖或空调设施的各功能空间的实际使用面积之和，包括卧室、起居室（厅）、餐厅、厨房、卫生间、过厅、过道、贮藏室、壁柜、设供暖或空调设施的阳台等使用面积的总和；

8）对于公共建筑的能耗模拟计算，应合理设置基准建筑。由于超低能耗绿色公共建筑的能耗指标考察的是建筑综合节能率及建筑本体节能率，因此对于公共建筑的能耗模拟计算，还应建立与设计建筑相对应的基准建筑模型，从而考察节能率是否满足相关标准要求。基准建筑与设计建筑应在建筑的形状、大小、内部空间划分和使用功能、建筑构造、围护结构做法、供冷和供暖系统的运行时间、室内温度、照明开关时间、电梯系统运行时间、房间人均占有的使用面积及在室率、人员新风量及新风机组运行时间表、电器设备功率密度及使用率上保持一致，在此基础上，围护结构的热工性能系数和冷热源性能系数应符合国家标准

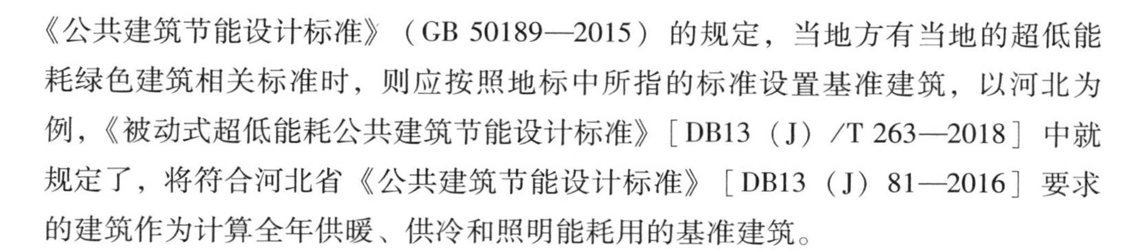

《公共建筑节能设计标准》（GB 50189—2015）的规定，当地方有当地的超低能耗绿色建筑相关标准时，则应按照地标中所指的标准设置基准建筑，以河北为例，《被动式超低能耗公共建筑节能设计标准》[DB13（J）/T 263—2018] 中就规定了，将符合河北省《公共建筑节能设计标准》[DB13（J）81—2016] 要求的建筑作为计算全年供暖、供冷和照明能耗用的基准建筑。

2.4.3　能耗模拟软件介绍

建筑能耗模拟软件是计算分析建筑性能、辅助建筑系统设计运行与改造、指导建筑节能标准制定的有力工具，已得到越来越广泛的应用。据统计，目前全世界建筑能耗模拟软件超过一百种，如美国的 BLAST、DOE-2、EnergyPlus，英国的 ESP-r，中国的 DeST，德国的 PHPP 等。EnergyPlus 是美国能源部支持开发的新一代建筑能耗模拟软件，目前仅是一个无用户图形界面的计算核心，以此为核心开发的软件有 Design Builder 等；DeST 是以 AutoCAD 为图形界面的建筑能耗模拟软件。

1. Design Builder

Design Builder 是一款针对建筑能耗动态模拟程序（EnergyPlus）开发的综合用户图形界面模拟软件，可对建筑采暖、制冷、照明、通风、采光等进行全能耗模拟分析和经济分析，是目前比较先进的建筑能耗分析软件。它可以应用在设计过程中的任何阶段，通过提供性能数据来优化设计和评估。

Design Builder 的主要特点有以下几个方面：

1）界面友好，简单易用。采用简单易用的 OpenGL 三维固体建模器，建筑模型可以在三维界面上通过定位、拉伸、块切割等命令来组装；仿真的三维视图可以表现出模型单元实际厚度、房间面积体积，对模型的几何形状没有限制；建筑几何模型可以由 CAD 模型导入，然后通过 Design Builder 创建块和隔断，划分区域。

2）自带大量权威数据库。包括天气、材料、活动类型、HAVC 等数据，支持用户自定义数据库。气象资料中内置最新的 ASHRAE 全球逐时气象资料可供选择。

3）模版化输入。快速设置大量参数，避免重复工作。用户通过数据模版可以导入一般的建筑结构参数。人员活动、HAVC 和照明系统的设置可以通过下拉菜单来选择，用户也可以根据自己的模型特点创建特定的数据模版。模型整体的设置，可以作全局改动，也可以在特定的区域或面上改动细节，使模型内部的设置更符合实际需要。模型编辑界面与环境参数之间的切换方便，不需要任何外部工具，就可以查看所有设置参数的详情。

4）结果精确。采用 EnergyPlus 和 Radiance 计算核心，计算精确。软件中包括气象数据，利用逐时气象数据计算模拟建筑物在实际条件下的能耗运作情况。

5）多种输出格式。可输出图片、曲线、表格、文本、网页等不同格式的结果。可输出的模拟结果包括：建筑能耗，表示为燃料或电的消耗；室内空气温度、平均辐射温度、综合温度和湿度；舒适度，包括温度分布曲线及 ASHRAE 的 55 种舒适标准；通过建筑围护结构的传热量，包括墙体、屋顶、渗透、通风等；供热和制冷负荷；二氧化碳排放量；参考当地气象资料确定供暖或制冷设备的容量；参数平行分析，通过在一定范畴内改变方案设置参数对比效果等。

6）超强的模拟能力。可模拟的系统的种类包括：末端再热的 VAV 系统，通过 VAV 控制装置和新风量来设置；定风量系统；条缝形送风系统；风机盘管系统；热量回收系统；热水散热器系统；地板辐射采暖系统；包含新风控制的全空气系统，风机、泵及节能设备；生活热水系统；自然通风的模拟可以通过设置室外温度控制窗户的开启来控制；窗户，包括窗架、窗框、玻璃洁净程度都可以详细设置。遮阳，可以通过百叶、悬挂遮阳板、侧面遮阳板、内部遮阳以及窗帘的设置来实现；采光空腔，例如 Trombe 墙和双层幕墙；日光照明，可以评价日光照明的节能效果，并设置电照明的控制系统；高大空间的垂直温度梯度，例如中庭或置换通风系统；建筑结构的附件，例如栏杆、雨篷或遮阳装置的阴影和光照效果等。

2. DeST

DeST 是清华大学建筑技术科学系开发的建筑能耗模拟软件。DeST 的理论研究始于 1982 年，开始主要立足于建筑环境模拟的理论研究。DeST 软件的研发开始于 1989 年，1992 年开发出用于建筑热过程分析的软件 BTP（Building Thermal Processes），以后逐步加入空调系统模拟模块，并开发出空调系统模拟软件 IISA-BRE。从 1997 年开始，在 IISABRE 的基础上开发了针对设计的模拟分析工具 DeST，于 2000 年完成 DeST1.0 版本并通过鉴定。从 2002 年开始了 DeST2.0 的研

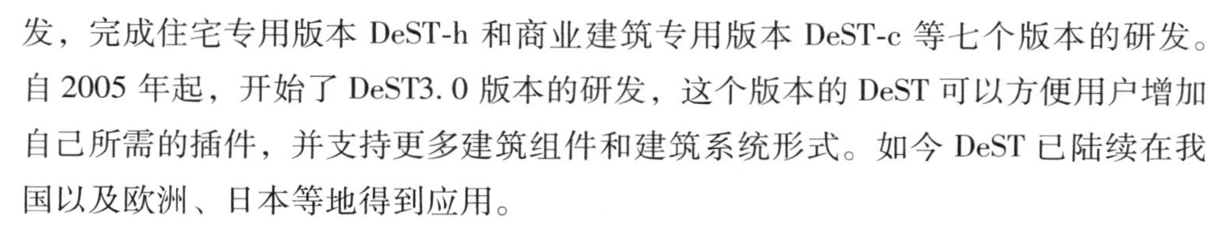

发，完成住宅专用版本 DeST-h 和商业建筑专用版本 DeST-c 等七个版本的研发。自 2005 年起，开始了 DeST3.0 版本的研发，这个版本的 DeST 可以方便用户增加自己所需的插件，并支持更多建筑组件和建筑系统形式。如今 DeST 已陆续在我国以及欧洲、日本等地得到应用。

为了使得建筑模拟能够更好地支持设计，DeST 在其整个研发过程中做了大量的基础性和创新性的工作。归纳起来，DeST 主要具有以下特点：

1）多区热质平衡算法。DeST 求解建筑热过程的基本方法是基于状态空间法，这种方法的特点是空间上离散而时间上保持连续，通过求解房间内离散点的能量平衡方程组，可得到房间对各热扰的响应系数，即房间本身的热特性，进而对房间的热过程进行动态模拟。

2）以自然室温为桥梁，联系建筑物和环境控制系统。通过详细的建筑几何模型可以模拟计算各房间的自然室温，然后以自然室温为对象，建立建筑物模块，与其他部件模块一起，灵活组成各种形式的系统。

3）三维动态传热算法。DeST 采用了一种新的三维动态传热算法。这种算法将三维的传热分解为三个传热过程，并提出了等效平板的概念解决室内外的稳态传热以及室内温度动态变化时地下区域蓄热的情况。

4）分阶段设计、分阶段模拟。DeST 在开发过程中融合了实际设计过程的阶段性特点，将模拟划分为建筑热特性分析、系统方案分析、AHU 方案分析、风网模拟和冷热源模拟共 5 个阶段，为设计的不同阶段提供准确实用的分析结果。

5）理想控制的概念。DeST 采用“理想化”方法来处理后续阶段的部件特性和控制效果，即假定后续阶段的部件特性和控制效果完全理想，相关部件和控制能满足任何要求（冷热量、水量等）。

6）基于神经网络的大空间热环境全年动态模拟方法。DeST 采用了一种基于神经网络的中庭热环境全年动态模拟方法，该方法采用神经网络对 CFD 细致描述的中庭加以压缩，再用压缩的简化模型与动态热过程模拟软件 DeST 耦合，从而实现对中庭的全年动态模拟。

7）采用不确定性内部负荷的系统模拟方法。在 DeST 模拟空调系统时，室内负荷的设定可以不是确定值，而是一个变动的范围，这样设定的最大优点是使模拟的冷热负荷更准确地贴近实际值。

8）图形化界面。DeST 具有图形化的工作界面，所有模拟计算工作都是在基于 AutoCAD 开发的用户界面上进行，与建筑物相关的各种数据（材料、几何尺寸、内扰等）通过数据接口与用户界面相连。DeST 还将模拟计算的结果以 Excel 报表的形式输出。

9）通用性平台。DeST 软件具有较好的开放性和可扩展性，可以作为建筑环境及其控制系统模拟的通用性平台，实现相关模块的完善和软件的功能扩展。

第3章　可再生能源利用

超低能耗绿色建筑提倡可再生能源应用，当可再生能源供能量达到或超出超低能耗绿色建筑需求时，可实现零能耗建筑或正能建筑。其方式是通过将太阳能光伏建筑一体化、土壤源热泵地埋管系统、相变围护结构等技术联合应用，解决可再生能源的供能与建筑物用能在时间、空间上的不平衡，提高可再生能源利用效率，减少化石能源使用，进而显著降低建筑能耗。

可再生能源主要包括太阳能、地源热泵、空气源热泵及生物质燃料等。其中：

太阳能是可再生能源，相对于化石能源而言，太阳能资源储量大，不污染环境，不向环境中排放温室气体。我国《可再生能源法》第十七条规定："国家鼓励单位和个人安装太阳能热水系统、太阳能供热采暖和制冷系统、太阳能光伏发电系统等太阳能利用系统。"

热泵是一种节能环保新技术，它可以实现地热、余热等资源的清洁高效利用。相比于传统供热方式，热泵技术的高效可谓名不虚传。传统供热基本都是通过燃烧发热（煤、气、油、电等）实现的，而热泵技术就是热量的搬运技术，即消耗一份能量，带动其他介质中已有热量的再利用，其能效比普遍在3倍以上，比直接消耗能源物质获得热量的方法节约能源三分之二以上。并且在得到同样多的热能时，新消耗的高品位能源、石化燃料会大大减少，可实现大幅度节能减排。热泵的分类形式多种多样，根据热源种类的不同，热泵划分为四大类，即：土壤源热泵、水源热泵、空气源热泵和复合热源热泵。

超低能耗绿色建筑的冷热源应优先利用可再生能源，减少一次能源的使用。目前河北地区已建、在建和待建的超低能耗绿色建筑项目，冷热源主要以地源热泵或空气源热泵为主；除满足供暖、新风处理要求外，还需兼顾生活热水的用热需求，尽可能利用太阳能供应热水。

3.1 太阳能

太阳能光热系统经济实用、技术成熟，受各地区气候、资源和自然环境的限制，在太阳能资源一般带和较富带应用较为广泛。太阳能光伏发电技术可将太阳能转化为电能，以减少常规能源的使用量；太阳能空调技术可以利用太阳能为能源来控制建筑物室内温度的空调系统，在太阳能资源丰富的地区，利用该项技术可降低建筑室内空调能耗，这两项技术适用于太阳能资源丰富的城市地区公共建筑。现分别针对各太阳能利用系统进行介绍。

3.1.1 太阳能热水系统

太阳能热水系统是利用太阳能集热器，收集太阳辐射能把水加热的一种装置，是目前太阳热能应用发展中最具经济价值、技术最成熟且已商业化的一项应用产品。在太阳能热水系统中，当前应用范围最广、技术最成熟、经济性最好的是太阳能热水器的应用。太阳能热水器把太阳光能转化为热能，将水从低温度加热到高温度，以满足人们在生活、生产中的热水使用。太阳能热水器分为集中式和分散式两种。集中式就是一个太阳能热水器提供多户的热水需求，分散式则为每户有单独的太阳能热水系统供自己使用，见图 3-1 和图 3-2。

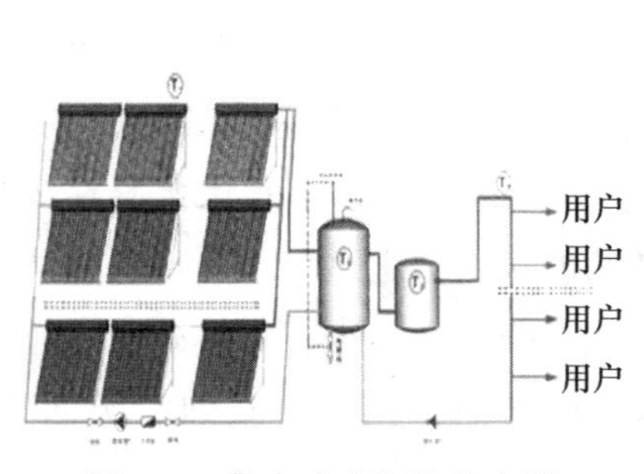

图 3-1 集中式太阳能热水器

图 3-2 分散式太阳能热水器

太阳能热水系统的应用效果是：节能、环保、安全；根据中国节能协会披露的相关数据，每平方米太阳能热水器年可替代标准煤 150kg，相当于 417kW · h

电量，环境效益十分显著；使用太阳能不存在中毒和触电的隐患，安全可靠。

3.1.2　太阳能光伏发电系统

太阳能光伏发电系统是利用太阳能电池半导体材料的光伏效应，将太阳光辐射能直接转换为电能的一种发电系统，分为独立运行和并网运行两种方式。独立光伏系统是将入射的太阳辐射能直接转换为电能，不与公用电网连接的独立发电系统；与交流电网连接的光伏发电系统叫作太阳能并网光伏发电系统。图 3-3 和图 3-4 是光伏发电系统的原理图。

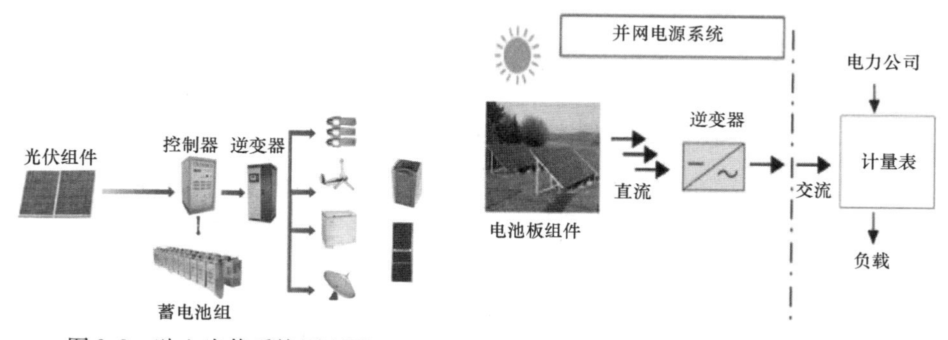

图 3-3　独立光伏系统原理图　　图 3-4　并网光伏系统原理图

整个太阳能光伏发电系统可以分为发电和监控两大部分，监控系统对整个光伏发电系统进行实时数据采集，根据不同情况对系统进行不同的控制。图 3-5 是光伏发电监测系统组网示意图。

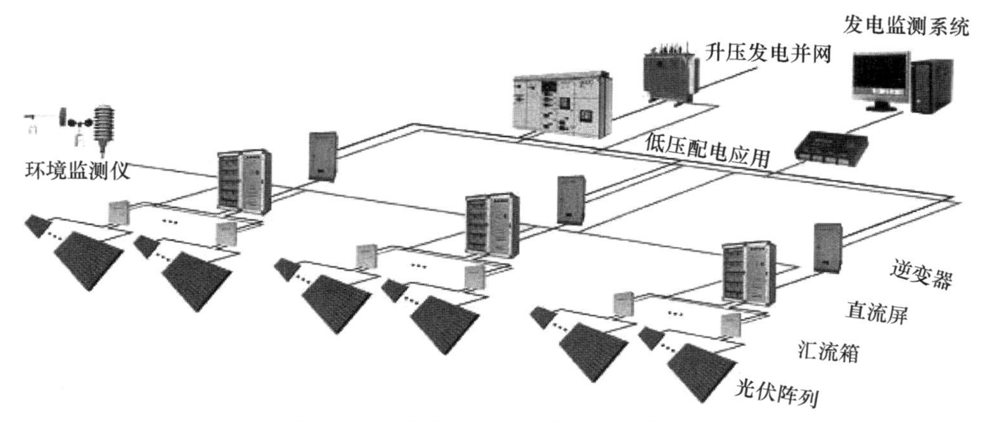

图 3-5　光伏发电监测系统组网示意图

其应用效果如下：太阳能光伏发电的能量转换过程简单、工作性能稳定可靠，晶体硅太阳能电池寿命可达20～35年，蓄电池的寿命也可长达10～15年；建设周期短，方便灵活，极易组合、扩容。监控系统可对太阳能光伏电站里的电池阵列、汇流箱、逆变器、交直流配电柜、太阳跟踪控制系统等设备进行实时监测和控制。

3.1.3　太阳能采暖技术

太阳能采暖技术根据利用途径的不同，分为“太阳能光热+”采暖系统和“太阳能光伏+”采暖系统。由于太阳能光伏与建筑采暖没有直接关系，本节重点介绍太阳能光热采暖技术。现农村地区多采用该系统进行冬季采暖。

“太阳能光热+”采暖系统是指将分散的太阳能通过太阳能集热器转换成热能形式，用于房间采暖的系统，简称太阳能光热采暖系统。由于太阳能的供应具有很大的不确定性，因此为保证系统的供暖效果，辅助热源的选型至关重要，依照辅助热源不同，太阳能光热采暖系统可分为“太阳能光热+电热装置”“太阳能光热+空气源热泵”“太阳能光热+地源热泵”“太阳能光热+生物质锅炉”“太阳能光热+燃气壁挂炉”等采暖技术。

1. 太阳能光热+电热装置采暖技术

太阳能光热+电热装置采暖技术是在晴好天气下主要依靠太阳能来满足取暖需求，在阴雨天和夜间通过控制系统开启电热装置加热，保证供暖温度系统，也可根据需求增加生活热水等功能。目前，电热装置典型系统是太阳能光热+电热棒辅助系统和太阳能光热+电锅炉系统。其工作原理图如图3-6和图3-7所示。

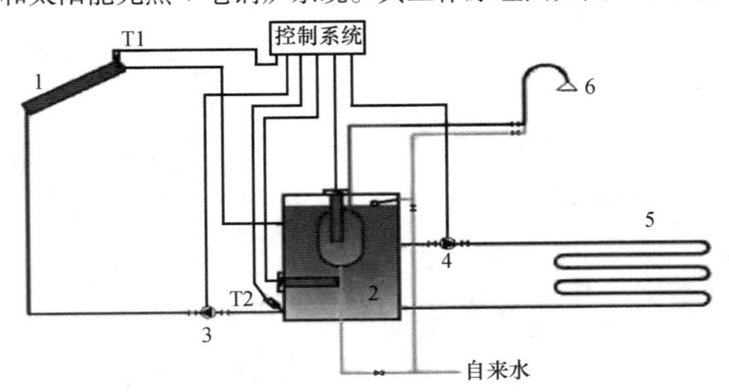

图3-6　太阳能光热+电热棒辅助系统示意图

1—太阳能全玻璃真空管集热器；2—水箱；3、4—水泵；5—地板辐射采暖；6—生活热水

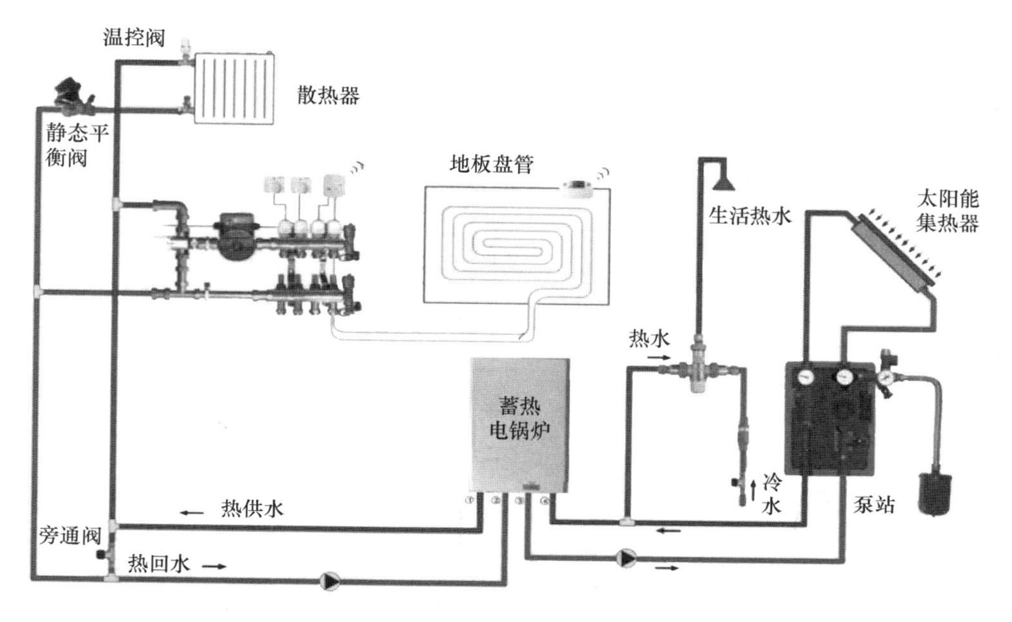

图3-7　太阳能光热+蓄热电锅炉系统示意图

2. 太阳能光热+空气源热泵采暖技术

目前太阳能光热+空气源热泵采暖技术主要分为三类：直膨式、水箱换热式和相变蓄热式。其中相变蓄热式系统由于高成本及控制技术不够普及等原因，市场应用较少，不再赘述。直膨式系统将太阳能集热器作为空气源热泵的一部分，虽然提高了制热效率，但机组稳定可靠性降低，因此，目前农村地区多采用水箱换热式系统。

1）直膨式太阳能光热+空气热源复合热泵系统

直膨式系统将空气源热泵的风冷蒸发器替换为太阳能集热器，利用太阳能辐射的高品位热，进一步提高空气源热泵的制热性能，其工作原理见图3-8。

2）水箱换热式太阳能光热+空气源热泵系统

水箱换热式系统中太阳能集热单元与空气源热泵单元是各自独立的两部分，相互之间不涉及换热，靠两个单元各自制热来共同加热蓄热水箱内的冷水，满足供暖或生活热水需求。日常主要依靠太阳能集热单元维持蓄热水箱的热水供应，当太阳能集热单元不能满足热负荷需求时，空气源热泵单元才会投入制热，见图3-9。

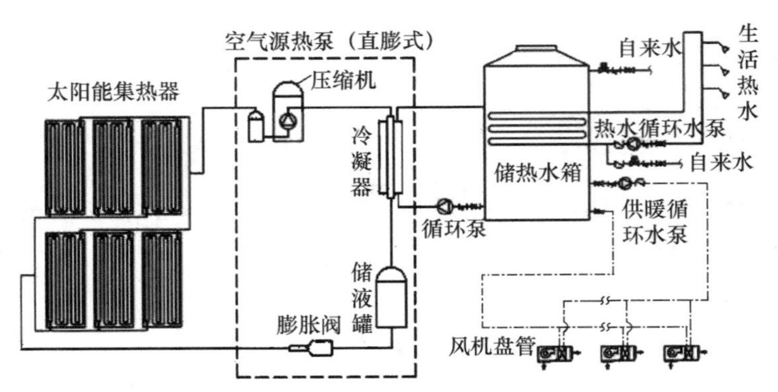

图 3-8 直膨式太阳能光热 + 空气热源复合热泵系统示意图

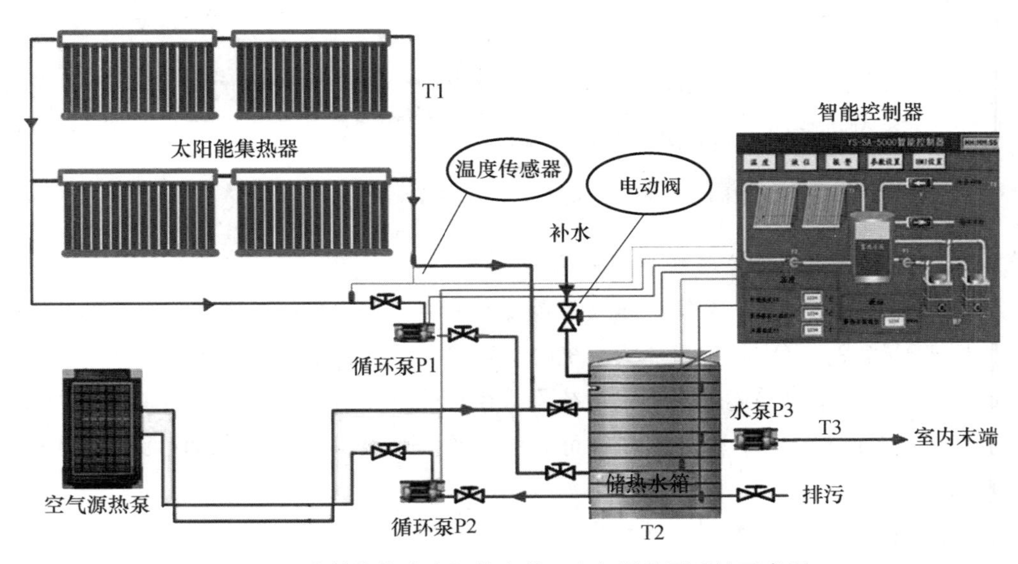

图 3-9 水箱换热式太阳能光热 + 空气源热泵系统示意图

3. 太阳能光热 + 地源热泵采暖技术

太阳能光热 + 地源热泵采暖技术重在优先利用采用太阳能，在太阳能供热不足时以地源热泵系统作为补充。目前常用太阳能地源热泵直接联合供暖系统。

该系统与常规热泵不同，根据日照条件和热负荷变化可采用多种不同运行流程，分别为：太阳能直接供吸运行流程、蓄热水箱热泵供吸流程、太阳能地源热泵联合（串联或并联）供吸运行流程、地源热泵供吸运行流程。根据联合方式不同分为串联运行方式和并联运行方式，如图 3-10 和图 3-11 所示。其中并联系统因为联合运行，循环流量变化起伏大，容易影响机组的可靠性，当温度低于供热温度，不能直接利用，只能用于加热土壤，未充分利用太阳能集热量，因此，寒冷地区农村可采用串联运行方式。

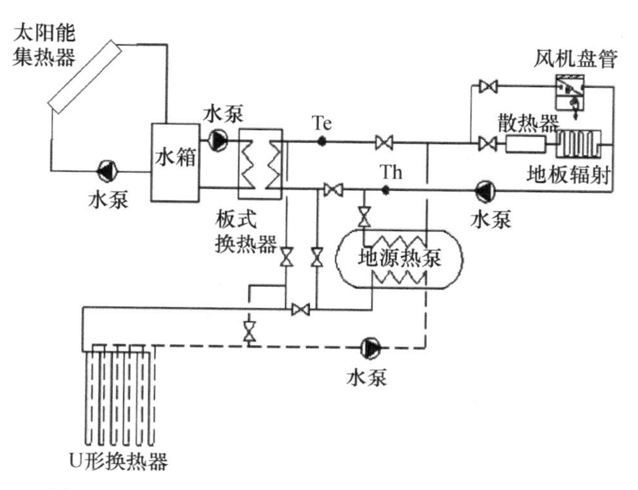

图 3-10　太阳能系统与地源热泵系统并联供暖方式

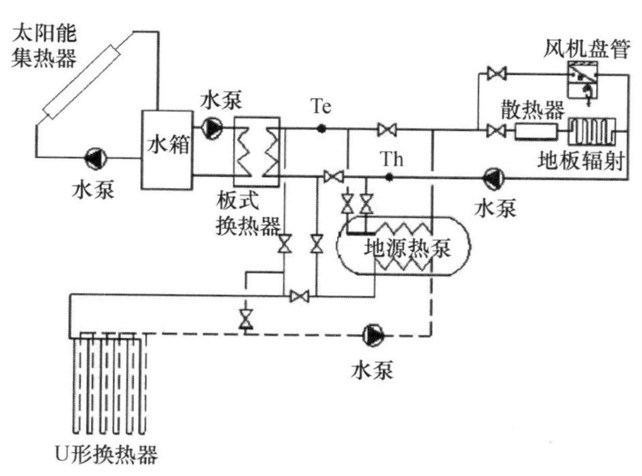

图 3-11　太阳能系统与地源热泵系统串联供暖方式

4. 太阳能光热 + 生物质锅炉采暖技术

太阳能与生物质能的结合有多种方式，如将太阳能集热技术与生物质厌氧发酵技术的结合，利用太阳能集热能量实现生物质高温发酵，将低品质、不稳定的太阳能和生物质能向高品位沼气化学能的转换。此外，还可以利用太阳能集热器和生物质颗粒燃烧器联合组成一个供暖系统，为建筑物提供冬季采暖和全年生活热水所需的热量。

1）太阳能光热 + 生物质颗粒供暖技术

该系统利用太阳能和生物质能各自的优势，在阳光充足时，主要由太阳能集热系统提供采暖所需热量，生物质能锅炉少运行或者不运行；在无阳光（阴雨或黑夜）时，首先利用太阳能集热器的热量，不足部分由生物质锅炉提供，供热设备先通过与蓄热水箱中的水进行热量交换，然后通过换热装置将热量传递给末端供热系统。系统示意图见图 3-12。

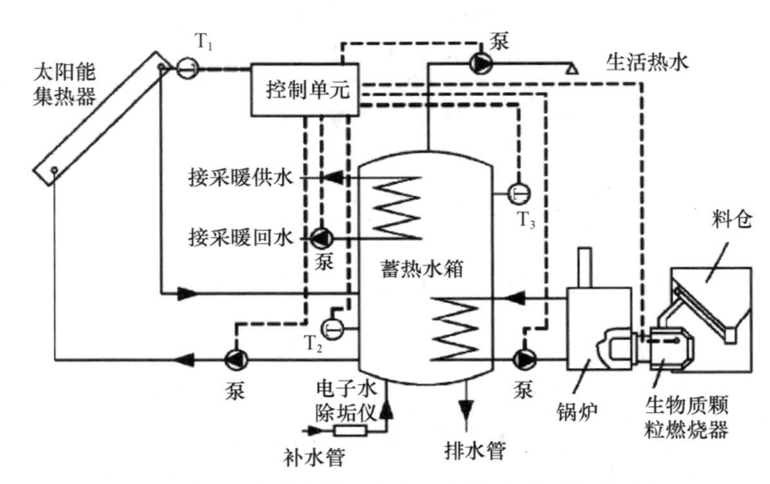

图 3-12　太阳能光热 + 生物质颗粒供暖系统示意图

2）太阳能光热 + 沼气池供暖技术

该系统利用太阳能集热器收集热量，并将热量储存在蓄热水箱中，通过末端散热器（地暖盘管）向室内进行供暖，热回水进入沼气池的圆盘换热器中对沼气池进行加热，促进沼气的产生，沼气池产生的沼气被壁式沼气热水器利用用于加热热回水，并送回蓄热水箱，实现太阳能与沼气池联合供暖。系统示意图见图 3-13。

5. 太阳能光热 + 燃气壁挂炉供暖技术

该系统太阳能蓄热水箱与燃气壁挂炉串联连接，作为系统的热源。当太阳能蓄热水箱中的热水达到一定温度时，通过启闭与太阳能系统并联的旁通阀来实现热源的切换选择，从而合理利用太阳能资源。根据联合运行方式分前置式与后置式。所谓前置式是指燃气壁挂炉安装在水箱与换热器之间；而后置式是指燃气壁挂炉安装在采暖系统侧。由于燃气壁挂炉兼生活热水与采暖两用，后置式安装影响生活热水水质，所以，一般采用前置式安装。系统工作原理如图3-14所示。

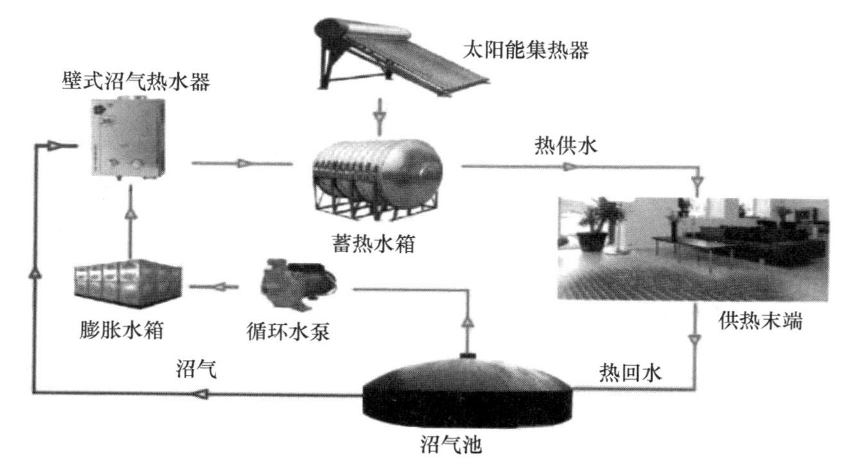

图3-13 太阳能光热+沼气池供暖系统示意图

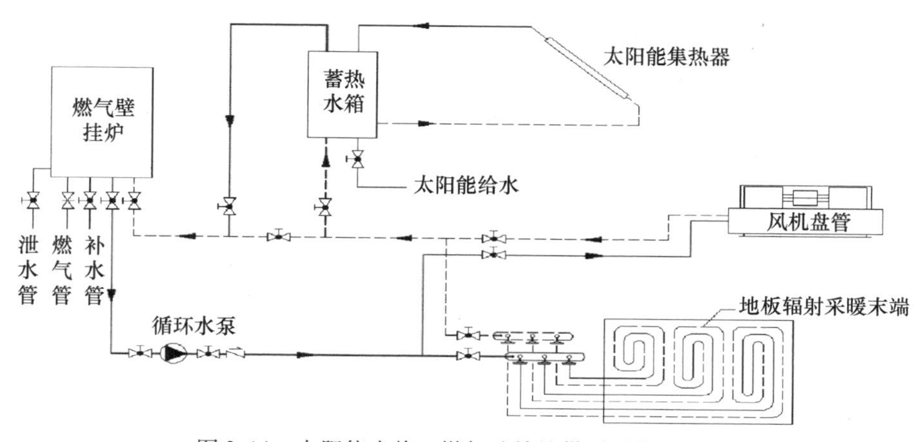

图3-14 太阳能光热+燃气壁挂炉供暖系统原理图

通过以上各辅助热源（电热装置、空气源热泵、地源热泵、生物质锅炉、沼气池、燃气壁挂炉等）类型分别介绍了各个系统及工作原理，现针对其具体使用特点分析比较如下，详见表3-1。

表 3-1　辅助热源的使用特点汇总表

类型	优势	劣势
电热装置	辅助设备操作简单，运行平稳，施工方便，适应性强，只需结合自身需求设置辅助加热运行（启动、停止、自动运行）即可；电辅配置初装成本较低，运行费用高	辅助未实现水电分离，具有一定的安全隐患；电辅加热消耗高品位能源，且直接发热效率为 0.9 以上，供暖用电消耗最大，在执行峰谷电价优惠政策地区，运行花费较少。结垢情况严重，故障率高
空气源热泵	空气源热泵节能效益明显，利用峰谷电价优惠政策，采暖费用较低；其稳定性高于太阳能制热系统，运行可靠；系统水电分离，安全性高	系统相对复杂，占用室内空间，安装量大，初投资相对较高，且受环境温度的限制，温度过低影响设备正常运行，需进行适当调整，白天储热夜晚供暖
地源热泵	地源热泵的高效性和经济性明显，运行费用低；机组运行更可靠、安全、稳定，自动控制程度高，可无人值守，维护费用较少；系统紧凑，节省空间；可满足供暖、制冷和生活热水等需求	系统结构和控制系统相对复杂，初投资相对高，若只供暖，则易出现土壤冷热不平衡，影响设备取热，若采用跨季节蓄热技术，则系统复杂，蓄热和用热时间跨越较长，热损较大，技术成熟度有待进一步提升
生物质锅炉	生物质原材料来源丰富，设备相对简单，适合分散利用，易于市场化和产业化	生物质原材料收储运相对困难，生物质固体燃料热值相对较低，价格较高。经济效益较差，使用有一定的危险性
沼气池	生物质原材料来源丰富，设备相对简单，适合分散利用，农村地区具有较好的应用基础	生物质原材料收储运相对困难，沼气热值低，需要专门燃具，经济效益较差；存在低温下产气量不足，沼液沼渣处理和清淤等专业服务欠缺等问题
燃气壁挂炉	燃气供暖技术传统成熟，产业支撑和市场化能力较强，用户接受程度高，应用最为广泛	要求燃气供量充足，系统设计、施工安装、运行调试均需专业人员，使用燃气有一定的危险性

从表 3-1 中可以看出，几种辅助热源各有优势，从农村采暖需求、经济条件、技术成熟度和接受度等几个方面考虑首选电辅加热和空气源热泵；地源热泵效率较高，初投资过高，经济条件好的地方可推广应用。各地具体选择何种辅助热源需根据当地能源特点选择。

3.2　地源热泵

地源热泵系统是利用地球表面浅层地热资源作为冷热源，进行能量转换的供暖、制冷空调系统。地源热泵系统分为地埋管、地下水及地表水地源热泵系统。由于华北地区地下水、地表水均比较匮乏，地埋管地源热泵系统应用较为广泛。

地埋管地源热泵是利用地下常温土壤温度相对稳定的特性，通过深埋于建筑物周围的管路系统与建筑物内部完成热交换的装置。系统由地埋管换热器、水源热泵换热机组和室内空调末端系统三部分组成。夏季地埋管内的传热介质（水或防冻液）通过水泵送入热泵机组冷凝器，将热泵机组排放的热量带走并释放给底层（向大地排热，地层为蓄热）；热泵机组蒸发器中产生的冷水，通过循环水泵送至空调末端设备对房间进行供冷。冬季热泵机组通过地下埋管吸收底层的热量（向大地吸热，地层为蓄冷），冷凝器产生的热水，则通过循环水泵送至空调末端设备对房间进行供暖。在特定条件下，夏季也可利用地下换热器通过循环水泵直接对房间供冷。与地层只有能量交换，没有质量交换，对环境没有污染。此外，地埋管寿命可达50年以上。据美国环保署EPA估计，设计安装良好的土壤源热泵，平均来说可以节约用户30%～40%的供热制冷空调的运行费用。

土壤源热泵系统根据埋管的形式可分为水平埋管和垂直埋管，水平埋管形式埋管较浅，施工方便，但是需要较大的土地面积，在土地资源紧张的城市中难以应用，只适合于较小的建筑和其他有适合土壤条件的地方；垂直埋管施工难度大，对地质条件要求较高，另外，土壤源传热效率比较低。无论采用何种形式，均需要有可利用的埋设地下换热器的空间，如道路、绿化地带、基础下位置等，并且土方开挖、钻孔以及地下埋设的塑料管管材和管件、专用回填料等费用较高。因此在超低能耗绿色建筑设计过程中的应用受到了限制，对周围岩土体地质情况适合打井、有较大面积的绿地或空地、冬夏季负荷相差不大的建筑物来说，尤其适合此系统。此系统在方案设计前，应进行工程场地状况调查，并应对浅层地热能资源进行勘察。图3-15是地埋管地源热泵系统原理图。

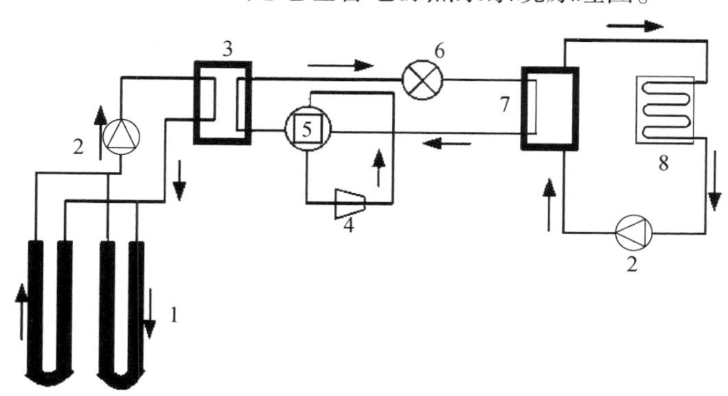

图3-15 地埋管地源热泵系统原理图
1—室外地下换热器；2—循环水泵；3—冷凝器；4—压缩机；
5—换向阀；6—节流阀；7—蒸发器；8—室内风盘系统

3.3 低温型空气源热泵

随着太阳能、风能等清洁能源的成熟应用，很多科研人员及企业将目光转向开辟和利用新能源。其中，空气能成为新的“宠儿”。空气能，即空气中所蕴含的低品位热能，又称空气源，和水能、风能、太阳能、潮汐能等同属于清洁能源的一种。空气中的热能是空气吸收太阳光散发的能量产生的，气温越高，空气能越丰富。随着空气能的收集，多种利用空气能热泵技术研发的产品开始走进大众的视野，空气源热泵应用较为广泛。空气源热泵是运用逆卡诺循环原理建立起来的产品技术，拥有节能和环保制热等特点，通过空气中的自然能获取低温热源，以消耗一部分高品位能源（电能、机械能或高温能源）为补偿，使热能从低温热源向高温热源传递的装置，经过系统高效集热整合后成为高温热源，用于生产热水或供暖。2015 年我国住房城乡建设部将空气源热泵（ASHP）列入可再生能源技术范围内。

目前空气源热泵广泛用于家用热水、商用热水、家用户式采暖、商用供暖，同时也用于工农业领域中的烘干以及加热等工艺。以往空气源热泵产品多用于南方市场，主要是受到本身技术的局限，随着热泵压缩机企业在喷气增焓、喷液等技术上的突破，空气源热泵具备了在 -25℃以下制备高温热水的能力，加上除霜技术也得到提升，空气源热泵才开始被广泛应用于北方市场。我国严寒及寒冷地区应用的空气源热泵为低温型产品，当前低温空气源热泵行业出现了以次充好等现象，故中国标准化研究院牵头制定了强制性国家标准《低环境温度空气源热泵（冷水）机组能效限定值及能效等级》（GB 37480—2019），并于 2019 年 4 月 4 日发布，该标准将于 2020 年 5 月 1 日实施。这也预示着低温型空气源热泵能效指标有了标准保障。

超低能耗绿色建筑极低的供暖（冷）需求和一次能源消耗量等特征，使得低温型空气源热泵得到了很好的应用，其中能源环境一体机应用尤为广泛，该系统集供冷、供热、除霾、引进新风、排风高效热回收、室内 CO_2 自动监控、室内 $PM_{2.5}$ 自动监控等多种功能于一体，一般应用于超低能耗绿色居住建筑中，每户一套，可以实现对室内温度、湿度、CO_2 浓度、$PM_{2.5}$ 浓度、VOC 等有害气体进行自动（手动）控制。下面针对能源环境一体机系统进行详细介绍。

3.3.1　系统组成

能源环境一体机系统，由空气源热泵（室外机）和除霾能源环境机（室内机）及控制系统组成。

室外机采用在额定工况下供冷、供热，总能效均不低于2.7且机组低环境温度名义工况下的性能系数COP满足“热风型2.00以上，热水型2.30以上”的空气源热泵。室内机主要由以下几部分组成：主机体、室外新风口、室外排风口、室内送风口、室内回风口、新风过滤器和循环风过滤器、预热装置、制冷加热装置、热交换芯体以及新风机、排风机、循环风机等。室内机有立式明装、卧式暗装两种形式，现以立式明装为例，对该系统进行分析。图3-16是新风换气能源环境一体机系统的室外机和室内机，室内机结构详见图3-17～图3-19。

图3-16　新风换气能源环境一体机系统的室外机和室内机

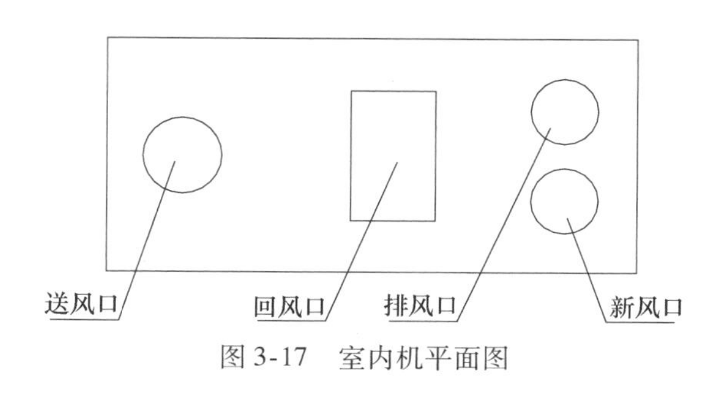

图3-17　室内机平面图

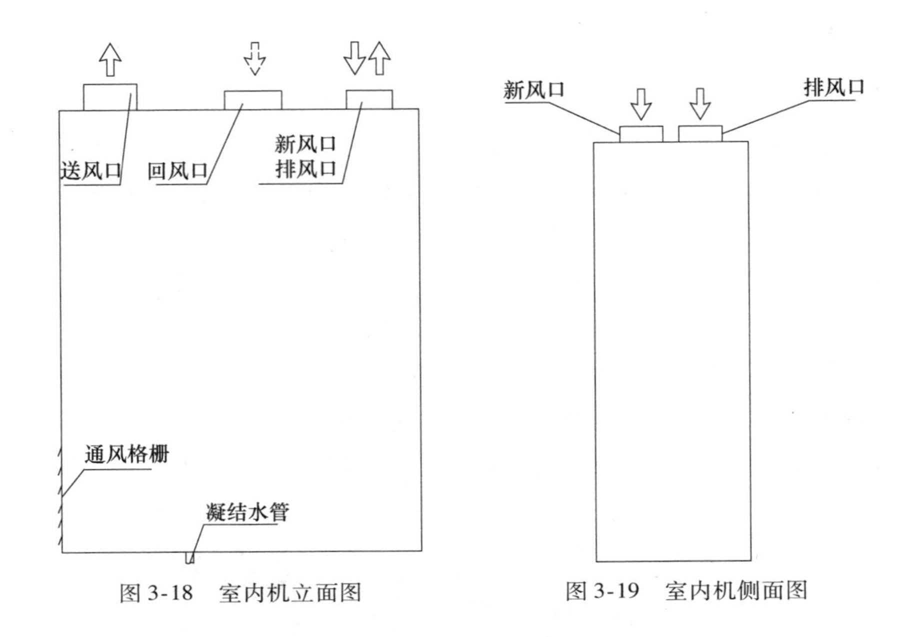

图 3-18　室内机立面图　　　图 3-19　室内机侧面图

控制系统主要由温度传感器、CO_2浓度传感器、$PM_{2.5}$浓度传感器、电动风阀执行器、压差开关、控制面板、电路主板等部分构成。图 3-20 是 $PM_{2.5}$、CO_2 浓度传感器及液晶显示屏。

图 3-20　$PM_{2.5}$、CO_2浓度传感器及液晶显示屏

能源环境一体机系统的当前运转状态（模式）都是通过控制面板液晶显示屏显示出来的，室内温度、当前 $PM_{2.5}$状况、CO_2状况、HEPA 预报警，以及循环风机的风速调节等也都是通过它来实现的。

3.3.2　系统特点

能源环境一体机系统的主要特点有：

（1）高效过滤：物理式净化方式，避免二次污染，过滤结构为多层分项高效过滤，$PM_{2.5}$、烟尘、甲醛、苯类、挥发性有机化合物去除率 99.9%。

（2）新风调节：当室内 CO_2 浓度超标时，在不开窗的情况下，引进室外新风并高效过滤、制冷（加热）后引入室内，同时把室内污风排至室外。

（3）智能运行：当选择自动模式时，系统根据智能监测的室内 $PM_{2.5}$、CO_2 浓度值及室内温度自动运行。

（4）节能环保：室内空气质量达到健康标准时，系统进入智能待机状态。系统处于新风调节状态时，对排风进行高效热回收，显热回收效率≥75%，节约空调（采暖）运行费用。

3.3.3　工作原理

能源环境一体机系统与普通新风系统相比，有很多的不同之处。主要表现在系统中有三个风机分别控制新风、排风和循环风，系统的显热回收效率在 75% 以上，对新风进行预热处理，对室内 CO_2 浓度及 $PM_{2.5}$ 浓度进行了有效控制等。

能源环境一体机系统的工作原理总结如下：

（1）以夏季运行工况为例，当室内温度达不到设定要求时，室外机开始制冷，冷量通过冷媒管路输送给设在室内机内的制冷加热装置，开启循环风机，对室内空气进行降温处理；当回风温度达到设定要求时，室外机停止运行，循环风机按室内 CO_2 浓度、$PM_{2.5}$ 浓度要求进行工作（冬季运行状况与夏季相比，只需把夏季制冷状态切换为冬季供热状态即可，其余同夏季运行状态）。

（2）当室内 CO_2 浓度高于设定要求时，两个电动风阀打开，新风机、排风机开始运行（新风进入通道：室外新风—室外新风口—新风过滤器—热交换芯体—新风机—制冷加热装置—循环风机—室内送风口—室内；排风排出通道：室内污风—室内回风口—热交换芯体—排风机—室外排风口—室外）；当室内 CO_2 浓度达到设定要求时，新风机、排风机停止运行，两个电动风阀关闭。

（3）当室内温度、室内 CO_2 浓度均达到设定要求，室内 $PM_{2.5}$ 浓度未达到设定要求时，室外机、新风机、排风机停止运行，循环风机开启；当室内温度、室

内 $PM_{2.5}$浓度均达到设定要求，室内 CO_2浓度未达到设定要求时，室外机停止运行，循环风机、新风机、排风机开启；当室内温度、室内 $PM_{2.5}$浓度、室内 CO_2浓度均未达到设定要求时，室外机、循环风机、新风机、排风机开启；当室内温度、室内 $PM_{2.5}$浓度、室内 CO_2浓度均达到设定要求时，室外机、循环风机、新风机、排风机停止运行。

目前市场上一些新风设备加设了“旁通”功能，并将此作为新风设备节能的关键进行宣传。设置旁通的目的在于制冷季室外温度低于（或等于）室温、制热季室外温度高于（或等于）室温时开启旁通，新风避开热交换器送入室内，防止反向热交换加剧制冷、制热能耗。针对此项功能的取舍，我们进行了详细的分析，具体结论如下：

（1）目前的旁通功能需要通过人工切换，在制冷季、制热季始末很难准确判断室内外温度是否适宜采用旁通，甚至会造成错用旁通，非但不节能，反而更加耗能。采用自动控制实现旁通功能，需设置过多的监测、控制装置，会大幅增加设备成本、减少设备使用寿命，目前市场无法接受。

（2）在室外温度较稳定的过渡季（春、秋）可人工切换至旁通功能，当开启新风机时新风可不经热交换送入室内。但此时室内外温度相差不大，且都处于舒适范围（18～26℃），即使通过热交换器（无论正向还是反向热交换）送入室内的新风温度均在舒适范围内，不影响室内舒适度及制冷、制热能耗。

（3）设置旁通功能需要考虑设备余压，热交换器具有一定风阻，而开启旁通功能时会造成设备余压增大，导致送风口风速加大，影响室内舒适度。

（4）设置旁通功能需要增加设备尺寸，占用更多的户内空间。通过市场调查，对增加后的设备尺寸较难接受。

因此，能源环境一体机系统是否设置旁通功能需要根据项目实际需要确定。

3.4 水源热泵

以地下水、地表水、海水、城市污水等为冷/热源，通过热泵机组与建筑内部进行热交换，从而调节室内温度。该技术不向空气排放热量，缓解城市热岛效应，具有高效节能、节水省地、环保效益显著、一机多用，应用广泛、运行稳定可靠，维护方便等优点。但当水源水质较差时，水质处理比较复杂。地下水打井、地表水取水构筑物受地质条件约束较大，施工比较烦琐。地下水回灌需针对不同的地质情况，采用相应的保证回灌的措施，一般很难达到100%回灌。所以应根据当地地下水、地表水、海水或城市污水等水资源状况，进行技术经济分析，合理选用该类技术，较适用于地下水、地表水或海水丰富的地区。

污水源热泵是水源热泵的一种，主要是以城市污水作为提取和储存能量的冷热源，借助热泵机组系统内部制冷剂的物态循环变化，消耗少量的电能，从而达到供冷供暖效果的一种创新技术，与其他热源相比，污水源热泵的技术关键和难点在于防堵塞、防污染与防腐蚀。城市污水作为热泵的冷热源，它的温度一年四季相对稳定，冬季比环境空气温度高，夏季比环境空气温度低，这种温度特性使得污水源热泵比传统空调系统运行效率要高，节能和节省运行费用效果显著。污水源热泵系统占地小，施工方便，传热效率高，且易于管理维护。与地下水水源热泵系统相比，污水源热泵系统投资较少，省去了打井、抽水、回灌等费用，而且避免了回灌不当引起的地下水污染问题。总体来说，污水源热泵具有如下特点：

（1）环保效益显著

原生污水源热泵是利用了城市废热作为冷热源，进行能量转换的供暖系统，污水经过换热设备后留下冷量或热量返回污水干渠，污水与其他设备或系统不接触，污水密闭循环，不污染环境与其他设备或水系统。供热时省去了燃煤、燃气、燃油等锅炉房系统，没有燃烧过程，避免了排烟污染；供冷时省去了冷却水塔，避免了冷却塔的噪声及霉菌污染。不产生任何废渣、废水、废气和烟尘，环境效益显著。

（2）高效节能

冬季，污水体温度比环境空气温度高，所以热泵循环的蒸发温度提高，能效比也提高。而夏季水体温度比环境空气温度低，所以制冷的冷凝温度降低，使得冷却效果好于风冷式和冷却塔式，机组效率提高。供暖制冷所投入的电能在1kW时可得到5kW左右的热能或冷能，能源利用效率远高于其他形式的中央空调系统。

（3）运行稳定可靠

水体的温度一年四季相对稳定，其波动的范围远远小于空气的变动，是很好的热泵热源和空调冷源，水体温度较恒定的特性，使得污水源热泵机组运行更可靠、稳定，也保证了系统的高效性和经济性，不存在空气源热泵的冬季除霜等难点问题。

（4）投资运行费用低

城市污水源热泵具有初投资低，运行费低的巨大经济优势。运行效果良好，经济效益显著。污水热泵系统的机房面积仅为其他系统的 50% 。系统根据室外温度及室内温度要求自动调节，可做到无人看管，同时也可做到联网监控。污水源热泵系统原理简单，设备的可靠性强，维护量小，平时无设备的维护问题。

第4章　超低能耗绿色建筑的建造

超低能耗绿色建筑并不是采用高新科技建造的建筑，它只是把常规技术的各个细节进行严格控制，做到了精细化设计和精细化施工，从而达到提升建筑能效的目的。因此，超低能耗绿色建筑的施工不同于传统做法，施工工艺更加复杂，对施工程序和质量的要求以及监督、管理方面也更加严格。施工现场应具有健全的质量管理体系、相应的施工技术标准、施工质量检验制度和综合施工质量水平评定考核制度，以达到提高整体素质和经济效益的目的。

本章主要针对超低能耗绿色建筑施工过程中的围护结构精细化施工技术（包含外围护结构保温体系无热桥施工技术、其他无热桥处理技术等）、气密性封堵施工技术以及高效新风热回收系统安装施工技术等进行详细介绍。

4.1　施工组织设计和专项施工方案

1. 施工组织设计

施工组织设计是指导施工准备和组织施工的全面性技术经济文件。在建筑施工中，编制施工组织设计是一项极为重要和必不可少的工作，关系到施工的总体布置、施工进度、施工方法、施工机械的运用，劳力组织安排，现场平面布置等一系列重大问题的解决和落实，可以说，施工组织设计既是施工准备和技术的中心环节，又是具体贯彻国家建设方针政策、指导施工的重要措施，是施工的关键，一切施工准备和施工组织工作都应据此进行安排，甚至在很大程度上决定施工的成败。

这里我们以某项目施工组织设计为例，对超低能耗绿色建筑的施工组织设计进行说明。

本工程的施工组织设计重点阐述了工程的施工组织和部署、施工准备、施工平面布置、施工进度网络计划及保障措施、针对本工程的重点和难点所采取的措施、主要分部分项工程施工方案、施工人员机具使用计划、保证工期和质量的措施、安全文明施工措施、节能降耗及降低成本措施、季节性施工措施、信息化管理方案以及消防、保卫和环境保护的技术组织措施等。其中，分部分项工程施工技术措施是施工组织设计的核心内容（即施工方案），包括：测量工程、土方工程、钢筋工程、模板工程、混凝土工程、脚手架工程、防水工程、屋面工程、砌体工程、装饰工程、给排水工程、电气工程、通风空调系统等。施工组织设计中主要分部分项工程的施工方案仅是针对本工程的特点、重点、难点给出了行之有效的技术措施，但相对笼统，不具有可操作性和针对性。对超低能耗绿色建筑项目而言，这些远远不足以指导施工。为了确保超低能耗绿色建筑精细化施工、保障施工质量，需要专门针对热桥控制和气密性保障等关键环节制定专项施工方案。

2. 专项施工方案

专项施工方案是在施工组织设计的基础上，以其中的重点或难点工程为编制对象，另行编制的子项施工组织。它是针对具体的分部分项工程编制的，目的是对重难点工程进行分解与剖析，协调安排，使相关工程顺利实施。超低能耗绿色建筑对施工要求的精细化程度，决定了施工阶段需要专门针对影响其施工质量的热桥控制、气密性保障、建筑暖通空调系统等关键环节制订专项施工方案。

热桥控制有三项重点，包括：外墙和屋面保温做法，外门窗安装方法及其与墙体连接部位的处理方法，外挑结构、女儿墙、穿外墙和屋面的管道、外围护结构上固定件的安装及此类部位的处理措施等。

从施工开始至结束气密性保障始终有着重要地位。具体体现在施工工法、施工程序、材料选择等各环节，尤其应注意外门窗安装、周围结构洞口部位、砌体与结构缝隙、屋面檐角等关键部位的气密性处理。

建筑暖通空调系统作为超低能耗绿色建筑的温度控制保障的重要系统，在其防尘保护、消声隔振、气密性、平衡调试与管道保温的部分应予以更加细节化的关注与调控。

此外，装饰工程、给排水工程、电气工程等也会对热桥控制和气密性保障产生影响。因此，超低能耗绿色建筑施工阶段需要制订外墙、屋面及地面工程、门窗工程、供暖空调和通风系统及设备、给排水系统及设备安装、建筑能耗与环境监测系统、电气工程、室内外装饰装修等施工组织内容。通过这些专项施工组织方案严格控制施工质量，以达到生产控制和合格控制的全过程控制。

经考察若干个超低能耗绿色建筑项目发现，各专项施工方案一般包括工程概况、编制依据、系统和主要材料/设备性能要求、施工组织准备、主要施工方法、质量保证措施、施工验收、安全文明施工措施等。超低能耗绿色建筑的专项施工方案内容较多，涉及面广，范围窄而细，编制人员需要充分分析工程规模、特点及设计意图，抓住工程的特点、难点，抓住工程施工的主要矛盾，以方案为核心、以工艺为中心、以安全为保证，根据现场的实际情况，在施工部署的基础上，对具体施工方法进行优化和细化，力求时间与空间相结合，施工技术与现场管理相结合。它对超低能耗绿色建筑工程施工中的要点（无热桥施工、气密性保障、采用高品质材料部品等）制定了行之有效的技术措施，具有很强的针对性和实践性。施工阶段根据制定的各专项施工方案指导现场施工，确保精细化施工，保障施工质量。

4.2 围护结构施工

4.2.1 施工前期准备

超低能耗绿色建筑外围护结构保温体系在选材、施工上的质量控制是强调和注重过程控制而非事后控制，针对超低能耗绿色建筑外围护结构保温体系质量控制原则，在施工前主要的质量保障措施如下：

1. 施工前期质量保障措施

1）实施超低能耗绿色建筑材料产品的备案

建立超低能耗绿色建筑材料、产品的认证体系，编制合格材料和产品推广、限制和淘汰使用目录。做好超低能耗绿色建筑相关材料的质量监督，禁止不达标产品以任何包装和形式进入超低能耗绿色建筑建造过程中，并鼓励企业积极研制、开发生产性能优越的节能产品。

2）材料的配套选择应用

超低能耗绿色建筑外围护结构保温体系材料的质量控制必须严格要求，可采用建立质量管理体系、加强原材料的进货检验（进场之前提供型检报告、进场之后复检）等方式，同时注重强调系统中各材料的兼容匹配以及不同系统之间的衔接以保障其保温性、气密性和防水性要求，所以配套材料必须由供应厂商统一配套提供，尤其是由防水隔汽膜、防水透汽膜和密封胶组成的外墙与外门窗密封系统，要避免施工过程中因材料相容性差导致节点防热桥和气密性处理难以实现。

2. 精细化施工技术要求

1）理论基础培训。要对项目设计、施工、监理管理人员开展超低能耗绿色建筑的施工培训，包括专业的理论基础培训和设计培训，在满足外围护结构保温性基础原则之上，突出强调防热桥处理和保证气密性的原理、设计要求和材料选择要求。

2）在施工前，应做好充分的施工准备。尤其是超低能耗绿色建筑相关的施工（外保温施工、外门窗施工、屋面保温防水施工等）应做好专项施工组织方案，涉及的各项分工问题，应避免工序脱离，扯皮。

3）强调施工前的“样板先行”过程质量控制。施工过程质量控制原则为关键工序和控制点必须实现精细化，超低能耗绿色建筑施工与普通建筑的施工存在一定差别，施工工地现场应提前搭建施工节点样板房，在大面积施工之前，实行“样板先行”措施，通过制作样板，展示节点剖面，明确各道工序的标准和做法，核定材料用量，尽量避免出现返工和材料的浪费。

4）构件的精准定位。超低能耗绿色建筑的外门窗常采用外挂式安装（即门窗框的内表面与主体结构外表面平齐）。在外门窗安装时，为保证门窗的水平度、垂直度和平整度，应采用红外线测平仪、靠尺等仪器对构件进行定位，以达到与洞口平齐，方便防水层、保温层施工的目的。

4.2.2 主体结构施工技术

1. 有气密性要求的钢筋混凝土墙体

钢筋混凝土墙体施工技术要求与常规建筑一样：平直度要求，严禁跑模胀模；预留孔洞尺寸准确、规格标准；对穿螺栓孔封堵。由于对穿螺栓孔对气密性影响很大，故超低能耗绿色建筑将对穿螺栓孔的封堵提出了重点要求：结构施工

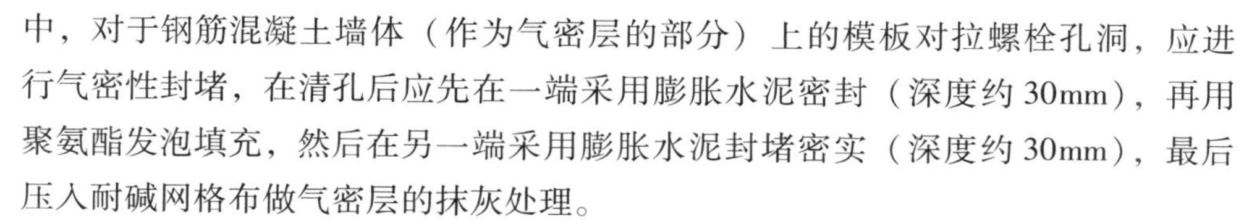
中，对于钢筋混凝土墙体（作为气密层的部分）上的模板对拉螺栓孔洞，应进行气密性封堵，在清孔后应先在一端采用膨胀水泥密封（深度约 30mm），再用聚氨酯发泡填充，然后在另一端采用膨胀水泥封堵密实（深度约 30mm），最后压入耐碱网格布做气密层的抹灰处理。

2. 有气密性要求的填充墙体

为保证建筑整体气密性，外墙、分户墙及分隔供暖与非供暖空间隔墙的砌筑部分，应采用实心砌块，如加气混凝土砌块（表观密度要求≥500kg/m^3）。砌筑时应保证墙面平整，砂浆饱满度不低于 90%，灰缝横平竖直，以保证气密性。

此外，还应在外墙的内表面、分户墙及分隔供暖与非供暖空间隔墙的两侧进行气密层抹灰，抹灰厚度不小于 15mm，抹灰应连续不间断，并延续到结构楼板处，抹灰时应采取铺设耐碱网格布等相关措施防止墙面抹灰层日后出现空鼓、裂缝。

图 4-1 为有气密性要求的加气混凝土墙体施工照片。

图 4-1　有气密性要求的加气混凝土墙体施工照片

3. 剪力墙与填充墙的交界处

由不同材料构成的气密层连接处（如外墙、分户墙及分隔供暖与非供暖空间的隔墙）剪力墙与填充墙之间的缝隙，宜首先在室内侧粘贴防水隔汽膜，并压入耐碱网格布做气密层的抹灰处理，避免出现裂缝。有气密性要求的剪力墙与填充墙的交界处施工照片如图 4-2 所示。

4. 外门窗洞口

门窗洞口尺寸应符合现行国家标准《建筑门窗洞口尺寸系列》（GB/T 5824）规定的建筑门洞口尺寸和窗洞口尺寸，并应优先选用现行国家标准《建筑门窗洞口尺寸协调要求》（GB/T 30591）规定的常用标准规格的门、窗洞口尺寸。

图 4-2　有气密性要求的剪力墙与填充墙的交界处施工照片

门窗洞口周圈应设置不低于 200mm 宽（高）的混凝土包框，各洞口周圈 200～300mm 范围内抹平压光，才能安装外窗及粘贴气密膜等。图 4-3 为外门窗洞口施工照片。

(a) 洞口侧边压光

(b) 洞口外墙面压光

图 4-3　外门窗洞口施工照片

4.2.3　外围护结构保温体系施工技术

现阶段国内超低能耗绿色建筑围护结构外保温材料多选择使用（高表观密度）石墨聚苯板、挤塑聚苯板、聚氨酯板、岩棉、高表观密度 EPS 板等。不同部位采用的保温材料施工工艺也不一样。主要有如下关键点：

外保温施工前应进行基层处理，混凝土基层墙体及砌体墙体的找平层满足要求（平整度、垂直度、清洁度等要求）后方可进行保温施工。保温与基层及各构造层之间的粘结必须牢固，粘结强度应符合设计要求，保温与基层的粘结强度、锚栓锚固力应进行现场拉拔试验，并符合现行国家标准《建筑节能工程施工质量验收标准》（GB 50411）和《外墙保温用锚栓》（JG/T 366）的规定。外墙外保温工程应按现行国家标准《建筑节能工程施工质量验收标准》（GB 50411）、《建筑工程施工质量验收统一标准》（GB 50300）进行施工验收。

应注意保温层的连续性，不得有孔洞或空腔，坚决防止在保温层内出现2mm以上的缝隙，因为在这种空腔里会形成气流通道，造成显著的对流热损失。一旦发现保温层内有较大空腔，应立即封堵，可采用保温板填缝，也可用发泡胶封堵。

外墙保温应采用断热桥锚栓锚固，并经计算以确定锚栓数量，且应考虑在薄弱部位如墙角、窗口等部位应增加锚栓数量，要求锚栓规格及锚固深度必须满足规范要求，同时在门窗洞口处的薄弱部位必须严格执行施工方案。此外，锚固深度也有一定的要求：位于钢筋混凝土构造时，断热桥锚栓的有效锚固深度不应小于50mm；位于加气混凝土构造时，断热桥锚栓的有效锚固深度不应小于65mm。

外墙保温系统应进行外墙保温与主体连接结构安全性计算，建议每层设置托架以防止外墙保温日后脱落。

采用单层保温板材时，保温板材间缝隙应用保温材料填实或采用企口连接；采用分层保温时，应错缝粘结，避免保温材料间出现通缝。

构件穿透保温层时，保温层与穿透构件之间的间隙应采取有效保温密封措施。

此外，施工期间应注意对保温材料的防护，避免受到水、水泥、混凝土或砂浆的污损。

1. 外墙保温施工

现阶段国内超低能耗绿色建筑外墙外保温材料多选择使用石墨聚苯板作为外墙保温材料，保温系统采用EPS薄抹灰外墙外保温系统、EPS模块外墙外保温系统、EPS模块外墙外保温现浇混凝土系统，其中EPS薄抹灰外墙外保温系统施工经验和技术相对成熟，流程与常规该类保温系统类似，以粘贴两层石墨聚苯板为例，施工流程如下：

基层检查、处理、找平→挂基准线→基层墙体湿润、配制粘结砂浆→“点框法”粘贴第一层石墨 EPS 板→第一层石墨 EPS 板塞缝，清洁、打磨、找平→“满粘法”粘贴第二层石墨 EPS 板→第二层石墨 EPS 板塞缝，清洁、打磨、找平→钻孔，安装断热桥锚栓→抹底面抗裂砂浆，粘贴耐碱玻纤网格布→抹面层抗裂砂浆→找平修补，嵌密封膏→饰面层施工。

超低能耗绿色建筑外墙施工的处理上有着更加严格和精细化处理的考虑。外墙保温施工质量控制要点如下：

1）施工前的基层处理

（1）墙外的消防梯、水落管、预埋件、穿口管线或其他预留洞口，应按设计图纸或施工验收规范要求提前施工；

（2）外墙保温施工前，外门窗框利用角钢等外挂件固定于基层墙体上，并进行密封处理；

（3）对基层表面进行浮渣清除处理，利用聚氨酯发泡胶对外墙螺栓孔洞进行封堵。

2）粘贴保温板

（1）粘贴方法

超低能耗绿色建筑与普通节能建筑相比，外墙保温板厚度增大，一般在200mm 以上，所以宜将保温板分层粘贴，由于建筑基层平整度较差，所以首层宜采用“点框法”粘贴（图 4-4）。首层粘贴保温板以后平整度较好，所以第二层可采用“满粘法”粘贴（图 4-5），并横向由下向上铺设，必要时进行适当的裁剪，层与层之间宜错缝粘贴，严禁出现通缝，除预留遮阳装置等设施外，外窗洞口保温板的第二层宜覆盖外压住窗框，以起到阻断热桥、增强气密性的作用。首层楼面与外墙连接处的外墙保温施工应注意，贴完第一层外墙保温板后应进行滴水板的施工固定，滴水板需要提前定制，待滴水板安装固定牢固后方可进行第二层保温板的施工。

（2）缝隙处理

粘贴保温板时应随时利用靠尺检查板面的平整，相邻板间缝隙不得大于2mm，如遇特殊情况大于 2mm 的，需要将窄聚苯板切成小片或者利用聚氨酯发泡嵌缝，填充密实，严禁用砂浆填缝，否则容易产生裂缝或形成热桥。

图 4-4　“点框法”粘贴保温板

图 4-5　“满粘法”粘贴保温板

3）安装锚固件

（1）材料选择

为阻断热桥，外墙保温的锚固件应选择断热桥锚栓（图 4-6），这种有塑料隔热端帽或由玻璃纤维增强的塑料钉能起到良好的阻断热桥作用。

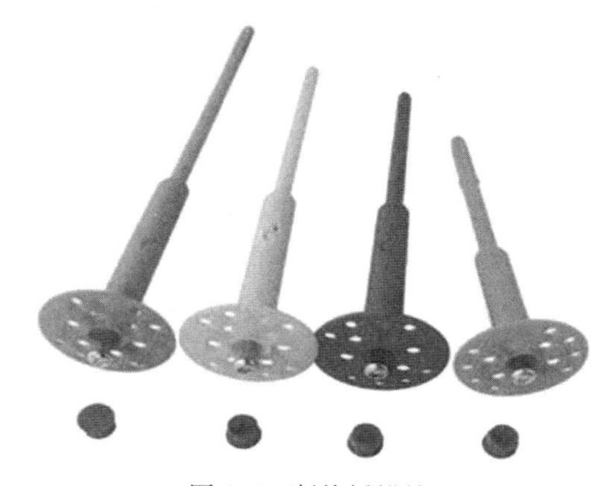

图 4-6　断热桥锚栓

（2）安装锚固件

断热桥锚栓由电钻轻轻带入，固定牢固后的断热桥锚栓圆盘一般进入保温层内 2 ~ 3mm，可利用保温砂浆将保温钉圆盘凹进保温板表面部位进行填平，以有利于罩面层的施工（图 4-7 ~ 图 4-10）。

图 4-7　电钻螺丝刀固定锚栓

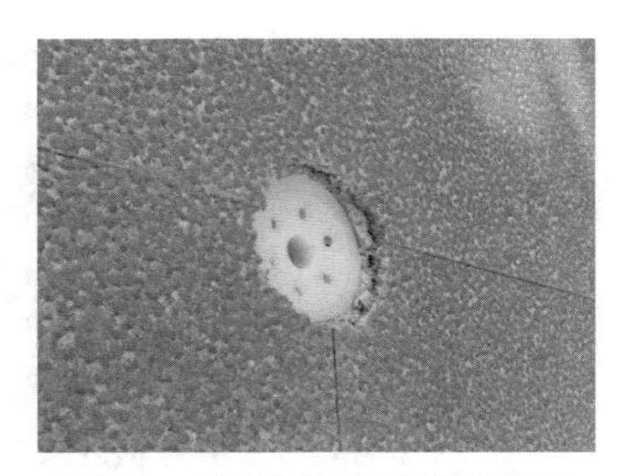

图 4-8　锚栓圆盘低于保温板表面

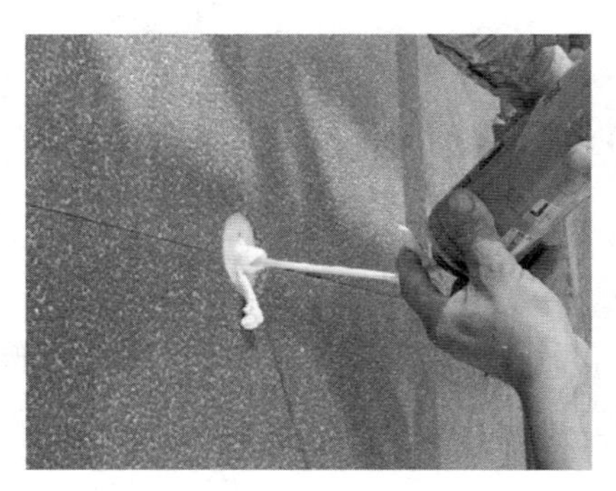

图 4-9　锚栓孔内注入聚氨酯发泡剂

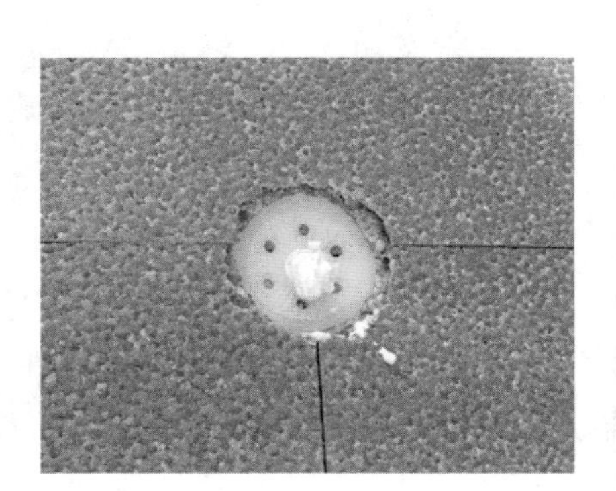

图 4-10　锚栓防热桥处理

4）阴阳角保温施工

考虑到首层阳角与其他加强部位的抗冲击要求，阴阳角处的保温施工要在常规外保温做法基础上加装成品护角，高度一般为 1.8 ~ 2m，起到防外界的碰撞冲击作用。二层以上外墙阳角处，在标准外保温做法基础上加铺一层网格布，并加抹一道抹面抗裂砂浆以提高抗冲击强度，加强部位抹面砂浆总厚度宜为 5 ~ 7mm。在这种双层网格布做法中，底层网格布可选择标准网格布，也可选择增强型的网格布，以满足抗冲击强度要求。在同一块墙面上，加强层做法与标准层做法间宜留伸缩缝。

5）门窗处外墙保温施工

（1）连接线条的使用

为提高保温系统与外窗之间的保温、防水和柔性连接能力，超低能耗绿色建筑首层保温板粘贴前要将由密封条和网格布构成的连接线条固定在窗框上，固定位置距离窗框外边缘三分之二的窗框宽度（图 4-11）。

（2）保温系统外压覆盖窗框

连接线条粘贴固定以后，采用传统“刀把”形式进行首层保温板的包角粘贴，粘贴后的保温板厚度尽量与突出墙面的窗框厚度保持一致，除预留遮阳装置等设施外，保温板第二层宜外压覆盖住窗框，覆盖宽度可控制为窗框的三分之二（图4-12），并使门窗连接线条的网格布在垂直方向与保温板进行覆盖搭接。

图4-11 连接线条的粘贴固定

图4-12 二层保温板外压覆盖窗框

（3）滴水线条的使用

外窗洞口上边缘部位需安装塑料滴水线条，该线条由加强网格布和滴水线条组成，施工工序在窗口上部防火隔离带耐碱网格布的粘贴铺设后进行，其中防火隔离带保温材料分层错缝粘贴，而且各层必须采用“满粘法”进行粘贴（图4-13）。滴水线条的使用可以减少外墙立面污水流入屋檐部位或者外窗表面。

图4-13 滴水线条固定位置

2. 首层地面或地下室顶板保温施工

阻断热桥和保障气密性是超低能耗绿色建筑地面或不采暖地下室顶板保温施工所遵循的重要原则，首层地面或地下室顶板可按《建筑地面设计规范》（GB 50037—2013）进行设计，基于超低能耗绿色建筑地面保温、防水、抗压要求，保温部分一般多选用挤塑聚苯板作为保温材料，施工流程大致为：

基层处理→水泥砂浆找平处理→防水层施工（1.5 厚自粘防水卷材）→挤塑聚苯板错缝铺设→隔离层施工→配有钢筋网架的细石混凝土保护层施工→地面面层施工。

首层地面或地下室顶板保温施工质量控制要点如下：

1）挤塑聚苯板（XPS）错缝铺设

每层 XPS 应错缝铺设、挤压严密，拼缝大小应控制在 2～3mm 以内，超过 3mm 的拼缝应采取相应的措施进行填塞，可根据缝隙大小裁割相应的 XPS 小条进行塞缝，严禁填塞不到位，避免出现通缝。

2）隔离层施工

XPS 与上层细石混凝土保护层之间应铺设一层隔离层，铺设隔离层的目的是避免 XPS 与上层细石混凝土浇筑后紧密结合，在温度应力作用下产生变形不协调，细石混凝土保护层出现裂缝，从而引起地面面层的开裂。

3. 屋面及女儿墙保温施工

1）屋面

（1）超低能耗绿色建筑屋面的保温施工与普通建筑保温施工工序不同，施工流程为：

钢筋混凝土屋面板基层处理→找坡层（含水率低的材料）→冷底子油一道→隔离层→保温板分层错缝铺装→第一道自粘性防水卷材→第二道防水卷材→隔离层→细石混凝土保护层→屋面面层施工。

（2）保温板铺装控制要点

保温层铺贴方式为干铺，并分两至三层错缝铺装，层与层之间严禁出现通缝，板与板之间的拼缝不应超过 2mm，超过 2mm 的缝隙应采用相应宽度的保温板薄片进行填塞，或采用聚氨酯发泡剂进行填堵。女儿墙 500mm 范围内的屋面部分设岩棉防火隔离带。

（3）其他技术要点

屋面隔离层与防水层之间宜干作业施工，即仅保温层。

2）女儿墙保温施工

屋顶女儿墙节点处的断热桥是屋顶保温体系中的重要组成部分，工艺流程如下：

基层墙体处理→女儿墙外侧 EPS 板粘贴、罩面→女儿墙内侧 EPS 板粘贴→防水处理→女儿墙顶收口。

（1）墙体保温板粘贴

女儿墙内侧和外侧墙体均由保温板粘贴包裹，保温板分层错缝粘贴，严禁出现通缝。女儿墙内侧周圈需铺设宽度不小于 500mm 的岩棉防火隔离带，防火隔离带与女儿墙内侧竖向保温板以及屋面水平保温板错缝铺贴，搭接严密。

（2）防水处理

女儿墙内侧两层保温板粘贴结束后，女儿墙与屋面楼板交接处需做防水处理，屋面第一道防水直接收到女儿墙内侧结构（距离屋面结构板≥500mm），与隔汽层粘贴密实；墙根处第一道防水层与屋面第二道防水同时施工，墙根处第二道防水层与屋面第二道防水搭接严密，上翻竖直高度和水平宽度不小于 250mm。

（3）女儿墙顶部泛水处理

为避免夏季高温下，女儿墙保温板受热发生变形，将女儿墙内外侧保温板及保温板端面均利用罩面砂浆进行抹灰处理，即做好女儿墙顶部的收口处理。之后利用膨胀螺栓将高强度聚氨酯隔热垫块［导热系数 $\lambda \leq 0.1$W/(m·K)］垂直固定于女儿墙上部，做好女儿墙顶部的保温和防水，最后固定成品铝合金盖板，金属板向内倾斜，两侧向下延伸至少 150mm，并有滴水鹰嘴，防止雨水渗入保温层，提高系统的耐候性。采用镀锌扁钢将铝合金盖板可靠连接，且与柱内主筋进行可靠连接，铝合金盖板兼做避雷针接闪带。

4. 外门窗安装施工

外门窗作为重要的外围护构件，对建筑的能耗有着至关重要的影响作用。超低能耗绿色建筑对外门窗的要求较高，在施工时应严格按照设计要求。外窗施工工艺流程（外门施工工艺流程可参考外窗）如下：

施工前准备→基层墙面细部处理→窗洞口细部处理→固定件定位、钻孔→窗框上粘贴预压膨胀密封胶条→窗框固定→粘贴内外侧防水雨布→安装窗扇→成品保护。

外窗施工质量控制要点（外门可参考外窗）如下：

1）基层洞口的处理

超低能耗绿色建筑的外窗在安装前必须精修洞口，确保洞口的平整度、垂直度以及阴阳角尺寸符合规范要求，洞口外表面基层必须平整、光洁，便于窗户外挂时窗框与墙体之间无可见缝隙。

2）外窗固定件定位

先确定窗框底部两侧固定件位置，放置窗框后利用红外线测平仪、靠尺测试窗框的水平度、垂直度和平整度，之后确定窗框四周固定件的位置，在基层墙体钻孔，利用膨胀螺栓将角钢或小钢板固定件固定于基层墙体上，固定时宜将固定件与墙体之间用厂家配套的隔热垫块或橡胶垫进行隔断，洞口周围固定件数量根据外窗尺寸而定，一般底部固定件水平距离不大于0.6m，顶部固定件水平距离不大于1m，左右两侧固定件垂直距离不大于1m。

3）密封防水系统

粘贴预压膨胀密封带：在窗框固定于墙体之前，要将自粘性预压膨胀密封带的自粘侧粘贴于窗框四周，密封胶带宽度方向应超出窗框边缘5mm，粘贴过程中应保证预压膨胀密封条顺直、平整、无褶皱、尽量少搭接，搭接处应采用斜角处理（图4-14和图4-15）。粘贴预压膨胀密封带宜在窗框与墙体固定之前半小时内进行粘贴，由于预压膨胀密封胶带会自膨胀，过早粘贴会失去其自膨胀密封空隙的效果。之后进行窗框的固定，固定窗框时尽可能保证窗框紧压墙体，利用镀镍自攻钉将窗框固定在角钢或小钢板上，并利用红外线测平仪和靠尺测窗框平面内和平面外平整度。

图4-14　粘贴预压膨胀密封胶带

图4-15　窗框与墙体之间无可见缝隙

窗框与墙体间打密封胶：窗框安装完毕后，在窗框与墙体交接处室内侧、室外侧分别用密封胶密封，密封胶宽度能保证将窗框与墙体之间缝隙全部覆盖为宜。密封胶能够很好地将窗框与墙体之间的缝隙封堵严实，阻断室内外雨水、气体连接的通道（图 4-16 和图 4-17）。

图 4-16　室内侧密封胶密封

图 4-17　室外侧密封胶密封

4）窗框内外侧粘贴防水雨布

室内防水隔汽膜自粘侧与窗框及门框粘贴搭接，距窗框 1cm 左右处利用密封胶将防水隔汽膜与基层墙体直线粘贴密封，转角处应用防水隔汽膜曲线密封，室外侧防水透汽膜粘贴与室内侧防水隔汽膜粘贴顺序一致，薄膜应褶皱地（非紧绷状态）覆盖在墙体和窗框上，薄膜之间的搭接宽度应不小于 15mm。密封处与固定外窗的角钢接触处，应避免透汽膜被金属构件损坏，出现密封不严问题（图 4-18 和图 4-19）。

图 4-18　室内侧防水隔汽膜密封

图 4-19　室外侧防水透汽膜密封

在施工过程中尽量避免在防水透汽膜上穿透和开口，尽量保证防水透汽膜的完整性。防水透汽膜无明显阻燃效果，严禁在防水透汽膜附近进行明火作业（含电焊施工）。

5）窗台板安装

外窗做好防水，密封，外窗周围做好墙体保温之后，需进行窗台板的安装，材质一般为不锈钢或铝制成品窗台板。安装之前将基层表面清理，保持界面平整整洁。窗台板首先要与窗框之间实行结构性连接，并利用结构胶进行窗台板的粘贴固定。为保证窗台板与基层粘结牢固并保证密封性，现场在结构胶周围可注入适量聚氨酯发泡剂，窗台板两侧与墙体保温衔接处的缝隙也可利用聚氨酯发泡剂进行嵌缝填充，最后窗台板与窗框之间的缝隙利用结构密封胶进行密封（图4-20）。

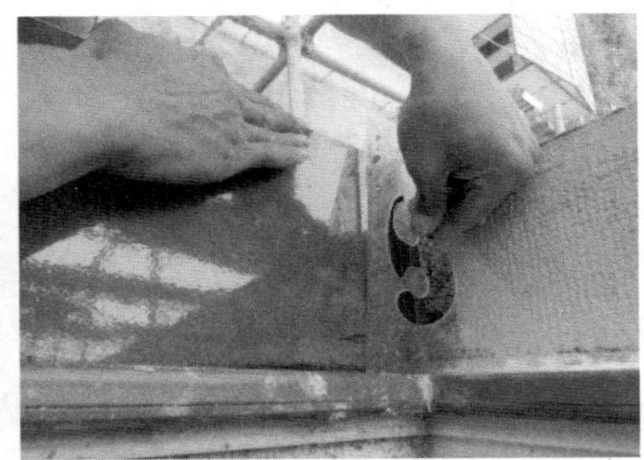

图4-20 窗台板施工

4.2.4 无热桥及气密性施工技术

1. 无热桥技术要点

1）外墙无热桥

（1）外墙上不宜固定导轨、龙骨、支架等可能导致热桥的构件，必须固定时，应采取有效隔断热桥措施，并宜采用减少接触面积、增加隔热间层及使用非金属材料等措施降低传热损失。

（2）外挑结构与主结构的连接将或多或少造成显著的热桥，悬挑的凸出混凝土结构很不利，有严重的热桥效应，传热损失大大增加，甚至有结露等风险，因此凸出外墙的空调板、墙肢等构件，以及悬挑的开敞阳台、结构雨篷等挑板部位宜采用挑梁断板的方式，或采用保温材料将外凸构件全部包裹的方式。

（3）穿墙管预留孔洞直径宜大于管径100mm以上，墙体结构或套管与管道之间应填充保温材料。

2）外门窗无热桥

（1）外门窗安装方式应根据墙体的构造方式进行优化设计。当墙体采用外保温系统时，外门窗可采用整体外挂式安装，门窗框内表面宜与基层墙体外表面齐平，门窗位于外墙外保温层内。装配式夹芯保温外墙，外门窗宜采用内嵌式安装方式。外门窗与基层墙体的连接件应采用阻断热桥的处理措施。

（2）窗户外遮阳设计应与主体建筑结构可靠连接，连接件与基层墙体之间应采取阻断热桥的处理措施。

3）屋面无热桥

（1）屋面保温层应与外墙的保温层连续，不得出现结构性热桥。

（2）女儿墙等凸出屋面的结构体，其保温层应与屋面、墙面保温层连续，不得出现结构性热桥。女儿墙、土建风道出风口等薄弱环节，宜设置金属盖板，以提高其耐久性，金属盖板与结构连接部位，应采取避免热桥的措施。

（3）穿屋面管道的预留洞口宜大于管道外径100mm以上，伸出屋面外的管道应设置套管进行保护，套管与管道间应填充保温材料。

（4）落水管的预留洞口宜大于管道外径100mm以上，落水管与女儿墙之间的空隙宜使用发泡聚氨酯进行填充。

4）地面、地下室顶板无热桥

（1）地下室外墙外侧保温层应与地上部分保温层连续，并应采用吸水率低的保温材料；地下室外墙外侧保温层应延伸到地下冻土层以下，或完全包裹住地下结构部分；地下室外墙外侧保温层内部和外部宜分别设置一道防水层，防水层应延伸至室外地面以上适当距离。

（2）无地下室时，地面保温与外墙保温应连续、无热桥。

（3）被动区域与非被动区域之间上下贯通的隔墙需要采用保温材料包裹1m范围进行断热桥处理。

2. 气密性技术要点

良好的气密性可以减少建筑冬季冷风渗透，降低夏季非受控通风导致的供冷需求增加，避免湿气侵入造成的建筑发霉、结露和损坏，减少室外噪声和空气污染等不良因素对室内环境的影响，提高室内环境品质。超低能耗绿色建筑要求建筑物具有良好气密性，技术要点如下：

（1）由不同材料构成的气密层的连接处，应采取气密搭接等密封措施。

（2）外门窗安装时，外门窗与结构墙之间的缝隙应采用耐久性良好的密封材料密封。

（3）填充墙的抹灰层应连续完整，抹灰层厚度不应小于15mm，且不同材料连接缝隙及墙体拐角等部位应采取防开裂措施。

（4）户内开关、插座、接线盒等在有气密性要求的填充墙体设置时，应采取气密性加强措施。位于现浇混凝土墙体上的开关、插座线盒，应直接预埋浇筑；位于有气密性要求的砌筑墙体上的开关、插座线盒，应在砌筑墙体时预留孔位，安装线盒时应先用石膏灰浆封堵孔位，再将线盒底座嵌入孔位内，使其密封；在墙体内预埋套管时，接口处应使用专用密封胶带密封，与线盒接口处同时使用石膏灰浆封堵密实；套管内穿线完毕后，应使用密封胶封堵开关、插座、配电箱等处的管口。

（5）穿气密层的管线应采用耐久性良好的密封材料密封。

（6）户内卫生间排风竖井及厨房排烟竖井采用成品风道时，应在风道每节的接口处进行气密性封堵，风道穿楼板处进行气密性封堵，与户内卫生间排风竖井及厨房排烟竖井连接的管道，管道与竖井接口处应进行气密性封堵。

3. 施工技术

本节以无热桥及气密性施工这一关键点为主线，研究包括外墙砌筑工艺、电线盒安装、外墙内侧装修措施、穿外墙管道、雨水管支架、屋面设备基础、屋面雨水收集口、室内穿楼板管道等的施工技术。

1）外墙砌筑工艺

建筑的外围护结构分为透明围护结构和非透明围护结构，非透明围护结构主要由混凝土结构、砌体结构构成。混凝土构件因其整体浇筑、振捣密实，成型后具有良好的气密性。纯混凝土结构的建筑物，其外围护具有良好的气密性能，事实上受经济因素的制约，更多的是混合结构，或者纯砌体结构。

砌体结构是由块材和砂浆砌筑而成的围护结构。现行规范中规定砌体结构砂浆饱满度为水平、垂直均不小于80%，不可避免地，块材与砂浆之间会产生缝

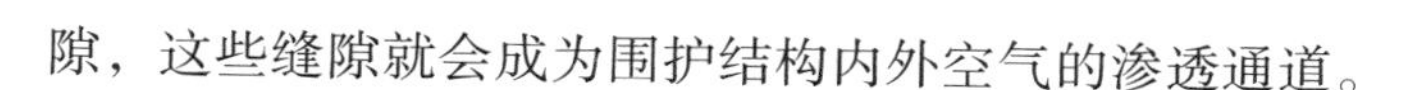

隙，这些缝隙就会成为围护结构内外空气的渗透通道。

超低能耗绿色建筑在施工砌体结构外围护时，需严格控制砌体工程的施工质量，其中砂浆饱满度为主要控制目标，其水平砂浆饱满度≥90%，垂直砂浆饱满度≥90%。

严格控制砂浆饱满度，并在砌筑时随砌随勾缝是保证建筑外围护结构气密性的第一道防线，只有保证第一道防线的施工质量，才能从根本上增加建筑的气密性。

因现行国家规范规定砌体工程砂浆饱满度并不适应超低能耗绿色建筑要求，故要求超低能耗绿色建筑砌体施工前需进行严格、详细的技术交底，施工过程中加强管理，发现达不到的及时改正，工程完工后严格仔细验收。

2）电线盒安装

由于美观和安全的需要，新建建筑的电线盒一般安装在墙体内，这就造成了开凿的孔洞与电线盒之间存在空隙。对于超低能耗绿色建筑来说，电线盒处的空隙如果不采取特殊的处理措施，会影响结构整体的气密性。为了保证电线盒安装处的气密层完整，将搅拌均匀的石膏涂抹在槽内墙体表面后，再将电线盒放入槽内，电线盒与墙体之间缝隙采用石膏抹平，如图 4-21 和图 4-22 所示。

图 4-21　石膏涂入电线盒内

图 4-22　电线盒周边使用石膏抹平

线管安置入墙壁上的线槽时，使用水泥砂浆封堵线槽，并抹平墙面（图 4-23）。电线穿线时注意不应破坏线盒与墙壁的气密层，电线出套管处也必须使用密封胶进行封堵。以上措施保证了线管和电线出套管处的气密层完整。

图 4-23　水泥砂浆封堵线槽

3）外墙内侧装修措施

非透明外围护结构内侧采取相应的处理措施能够更好地增强外围护结构的气密性能，如柱墙、梁墙交接处密封，穿墙洞、预留接线盒的处理，满刮腻子处理等。

（1）柱墙、梁墙交接处增强气密性处理

在框架、剪力墙、框剪工程中的一些非承重的砌体、构造柱、过梁等二次结构均需要在装饰前完成。二次结构与承重的柱、梁、楼板非一次成型，故不可避免会存在缝隙，只有很好地消除这些缝隙，才能增强外围护结构的气密性。

首先在二次结构施工的时候就需要注意柱墙、梁墙、墙与楼板交接处的砌筑工艺，结构柱与填充墙砌体之间的垂直灰缝要满塞砂浆，并尽量捣实，结构柱与填充墙交接处，应在结构柱内预埋拉结筋，每 500mm 高设一道 2 Φ6 钢筋，伸入砌块墙水平灰缝内不小于 700mm。二次结构砌筑时需考虑沉降，每天砌筑高度不超过规范要求，砌筑到接近梁底、板底时，应留一定空隙，待填充墙砌筑完并应至少间隔 7d 后，再使用微膨胀砂浆将其补砌挤紧。

二次结构施工完毕，抹灰工程施工之前，需进一步对气密性薄弱的位置进行处理，可在柱墙、梁墙交接处粘贴防水隔汽膜，防水隔汽膜应具有一定韧性，具有一定抗拉强度，表面应粗糙便于与抹灰层粘结。采用专用隔汽膜胶粘剂将其粘贴在柱墙、梁墙交接处，粘贴之前需将基层清理干净，然后在基层涂抹胶粘剂，最后粘贴防水隔汽膜。隔汽膜与基层之间应粘贴严实，无可见缝隙。

抹灰工程施工时，应分层进行，当抹灰总厚度大于或等于35mm时，应采取加强措施。不同材料基体交接处表面的抹灰，应采取防止开裂的加强措施，当采用加强网时，加强网与各基体的搭接宽度不应小于100mm。抹灰施工时，外围护结构内侧应抹灰至结构梁底部，作为第二道加强外围护结构处理措施，如图4-24所示。

图4-24　外围护结构内侧抹灰至结构梁底部

（2）穿墙洞、预留接线盒处理

外围护结构在施工过程中，不可避免会产生穿墙洞，如脚手眼、支模板用穿墙螺栓孔等。这些施工过程中产生的孔洞，在外墙保温以及室内装修之前必须完成封堵。

对于尺寸较大的孔洞，需对洞口基层进行凿毛处理，露出坚实基层，经洒水润湿后，使用微膨胀免振细石混凝土进行封堵，要求细石混凝土与基层接合紧密，无任何缝隙。

尺寸较小的孔洞，需采用聚氨酯发泡剂进行填充，填充密实，发泡饱满。待聚氨酯发泡剂固化后，孔洞外侧采用密封胶进行封堵。

外围护结构梁、柱、板上预留的接线盒，如果在后期装修的时候无须使用，需采用隔汽膜进行封堵，要求封堵严实，无任何缝隙（图4-25）。

（3）满刮腻子到顶

非透明部分外围护结构内侧腻子施工时，采用柔性腻子全部满刮至结构梁底部，这一点与传统内装区别在于，传统内装其腻子只施工到吊顶龙骨的上部，而

图 4-25　外围护结构上预留接线盒用隔汽膜封堵

不施工到结构梁底处，因满刮腻子能够有效封堵抹灰层出现的微小缝隙以及裂缝，能够有效减少非透明部分围护墙上的气密性通道，在一定程度上起到增强气密层的作用。遇有后开槽墙体部位，应采取措施，进行有效的抗裂处理，避免裂缝的出现。

4）穿外墙管道施工

（1）施工流程

外墙墙体预留孔洞→放置穿墙管道→墙体内外侧固定模板→空隙内注入聚氨酯发泡剂→聚氨酯发泡固化后进行墙体基层清理→墙体内外侧粘贴气密膜密封→墙体内侧抹灰处理，外侧进行外墙保温施工。

（2）质量控制要点

① 外墙墙体预留孔洞

管道穿外墙处需预留洞口，洞口尺寸在设计阶段根据防热桥计算得出（一般为 100mm），管道内壁与套管之间的空隙填充保温材料，可选择聚氨酯发泡剂。

② 墙体内外侧固定模板

在外墙内外侧固定模板，预留出管道洞口位置，作为填充聚氨酯发泡的模板，同时能起到临时固定管道的作用。

③ 空隙内注入聚氨酯发泡剂

从室内侧向洞口与管道之间的缝隙内注入聚氨酯发泡剂，要求发泡密实。隔断外墙与管道之间的热传导，待聚氨酯发泡干燥后能起到固定管道的作用。

④ 墙体内外侧粘贴气密膜

将防水隔汽膜（室内侧）或防水透汽膜（室外侧）自粘侧粘在管道根部，然后利用性能良好的胶粘剂将其胶粘在洞口基层墙体处，墙体搭接尺寸不小于100mm，与管道搭接尺寸不小于50mm。保证与基层之间的粘结密实无缝隙，增加气密性的同时避免雨水通过穿墙管道与墙体之间的缝隙进入室内（图4-26）。

⑤ 墙体外侧保温施工

穿外墙管道处的外墙保温施工时，需根据穿墙管道尺寸，在保温板上现场开口。保温板与管道之间的缝隙不大于3mm，超过3mm缝隙需采用聚氨酯发泡或膨胀密封带进行填充。待聚氨酯发泡固化后，方可进行第二层保温板的粘贴（图4-27）。

图4-26　管道保温施工

图4-27　管道密封处理

5）雨水管支架无热桥施工

外墙立面整体找平层施工完成后，外墙保温板粘贴之前需将雨水管支架施工完成。

（1）工艺流程

基层墙体清理→雨水管支架与墙体固定→雨水管固定件处外墙保温板粘贴→支架内空隙保温填充→雨水管与不锈钢固定件固定。

（2）施工工艺

① 基层墙体清理

固定雨水管支架的外墙需进行清理，需平整，无凸出墙面杂物、松散砂浆块等物。

② 雨水管支架与墙体固定

雨水管支架固定时需在支架与墙体接触部位加高强度聚氨酯隔热垫块，然后固定牢固。隔热垫块导热系数要求≤0.1W/(m·K)，且要求在其上钻孔不会造成劈裂（图4-28）。

图4-28　雨水管支架固定

③ 雨水管固定件处外墙保温板粘贴

外墙大面进行外保温施工时，遇到雨水管固定件处，需进行切割、开孔，孔大小以正好能放入支架为宜。

④ 支架内空隙保温填充（图4-29）

图4-29　雨水管支架内空隙用聚氨酯发泡填充

待保温板粘贴达到规定强度后，需将之间缝隙填充密实，可采用石墨聚苯板进行填塞，亦可采用聚氨酯发泡剂进行填充。聚氨酯发泡操作简单、便捷，但需要在保温板粘贴达到强度后方可进行发泡，避免保温板在未固定牢固的情况下，聚氨酯发泡在膨胀过程中引起保温板的变形、移位。

第一层保温板施工完成、粘结砂浆达到强度后，在第二层保温板粘贴之前需进行聚氨酯发泡填充，待干燥后，将溢出多余聚氨酯清理干净，进行下一步工序施工。

第二层保温板施工完成、粘结砂浆达到强度后，保温层罩面之前需进行聚氨酯发泡填充，待干燥后，将溢出多余聚氨酯清理干净，进行下步罩面施工。

⑤ 雨水管与不锈钢固定件固定

外墙保温层粘贴、罩面完成后，进行雨水管的固定，要求固定牢固、不松动。

6）屋面设备基础无热桥施工

（1）工艺流程

基层处理→防腐木处理→防腐木基础固定→防腐木梁做隔汽层处理→防腐木侧面保温施工→防腐木防水处理→防腐木上层混凝土结构施工。

（2）施工工艺

① 基层处理

根据定位图，将结构基层基础范围内清理干净，要求基层干燥，无浮土、松散混凝土杂物。

② 防腐木处理

市场采购经处理的防腐木，现场用沥青油再次涂刷，增强防腐性能，小块防腐木可以用沥青油浸泡。因现场使用防腐木梁的规格偏大，市场上很难购买所需的规格木梁，故需要将小规格防腐木在现场进行拼装成所需规格，可采用扁铁将其箍住，起到固定作用，木材与木材之间需采用专用乳胶进行粘接，起到辅助粘结作用。

③ 防腐木基础固定

根据图纸将相应规格的防腐木固定在结构基层上，需定位准确、固定牢固。

④ 防腐木梁做隔汽层处理

屋面隔汽层处理时将防腐木基础根部做隔汽层处理，其做法同屋面管道根部隔汽层处理或女儿墙内侧墙根处隔汽层处理。建议隔汽层将防腐木梁全部覆盖住。

⑤ 防腐木侧面保温施工

防腐木侧面保温施工应与屋面保温一并施工。

⑥ 防腐木防水处理

防腐木防水施工同屋面防水处理方法。

⑦ 防腐木上层混凝土结构施工

在防腐木基础上部支模板，然后浇筑混凝土，振捣密实后进行养护（图4-30）。

图4-30　轴流风机防腐木上部支模板

7）屋面雨水收集口施工

（1）工艺流程

女儿墙预留洞口基层处理→洞口处防水处理→雨水收集器制作→固定雨水收集器→雨水收集器穿女儿墙管道防水处理→雨水收集口处保温处理→雨水收集口处第二道防水处理→安装雨水箅子。

（2）施工工艺

① 女儿墙预留洞口基层处理

浇筑女儿墙时在指定位置预留洞口，如果施工条件允许可现场开洞。将洞口四周以及侧壁清理干净，无浮土、松散混凝土等杂物。

② 洞口处防水处理

女儿墙根处第一道防水施工时将预留洞口处防水做好，防水卷材从洞口中伸出至女儿墙外侧，并固定住。

③ 雨水收集器制作

由于侧向雨水收集器市场很少见，故需现场制作。可将雨水斗与排水管用

PVC 胶固定牢固后，横过来用作横向雨水收集器。

④ 固定雨水收集器

将雨水收集口放入预留孔洞中，管道伸出墙外，外侧采用木模板固定，穿墙管道周圈采用聚氨酯发泡填充，聚氨酯发泡厚度不小于 50mm，以此阻断穿墙管道与女儿墙基层的热量传导路径，如图 4-31 和图 4-32 所示。

图 4-31　穿女儿墙管道外侧采用木模板固定

图 4-32　雨水收集器穿女儿墙管道采用聚氨酯发泡固定

⑤ 雨水收集器穿女儿墙管道防水处理

待雨水收集器穿女儿墙管道与女儿墙周圈聚氨酯发泡固化后，采用自粘防水卷材将雨水收集口整个覆盖，有效进行封堵（图 4-33）。

图 4-33　雨水收集口穿墙管道防水处理

⑥ 雨水收集口处保温处理

女儿墙体内侧粘贴保温板同时，遇雨水收集口处，将保温板按现场尺寸裁切，保温板与雨水收集口周边应粘贴严密，过大缝隙应采用保温条填塞，或采用聚氨酯发泡进行填充处理（图 4-34）。

⑦ 雨水收集口处第二道防水处理

屋面保温板上第二道防水粘贴时，将雨水收集口进行泛水处理，如图 4-35 所示。

图 4-34 雨水收集口处保温板粘贴

图 4-35 雨水收集口处第二道防水处理

⑧ 安装雨水箅子

女儿墙保温以及面层施工完毕后，雨水收集口处用水泥砂浆做防护处理，然后安装雨水箅子。

8）室内穿楼板风道、管道施工

室内穿楼板风道、管道平面节点详图，如图 4-36 所示。

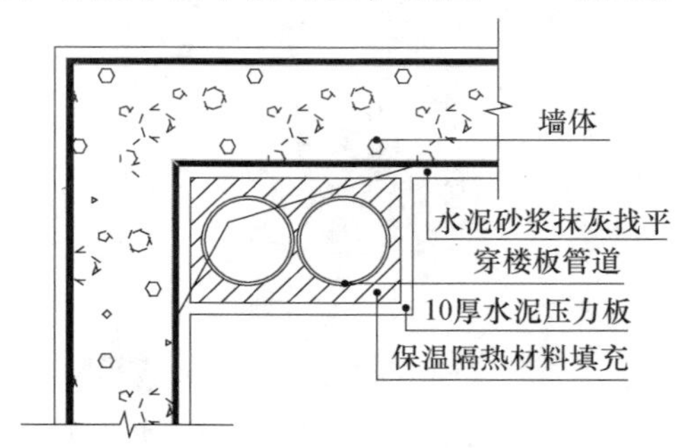

图 4-36 室内穿楼板风道、管道平面节点详图

为便于穿管施工，室内穿楼板风道、管道均小于楼板预留洞口。为了保证结构整体的气密性，该处应进行气密层封堵处理。

为方便施工，可在预留洞口处安装穿墙套管，穿墙套管与混凝土楼板间缝隙采用细石混凝土封堵密实。将穿楼板管道穿过套管，并用固定件固定在墙体上。穿墙管道与套管之间的空隙采用聚氨酯发泡填充，保证所有缝隙都发泡饱满，可以起到增强气密性的作用，如图4-37～图4-39所示。

套管上口2cm范围内采用防火胶泥封堵。封堵时压实防火胶泥，保证防火胶泥和管道外壁以及套管内部无缝隙，起到增强气密性的作用（图4-40）。

图4-37　固定穿楼板套管

图4-38　管道穿过套管

（a）楼板上

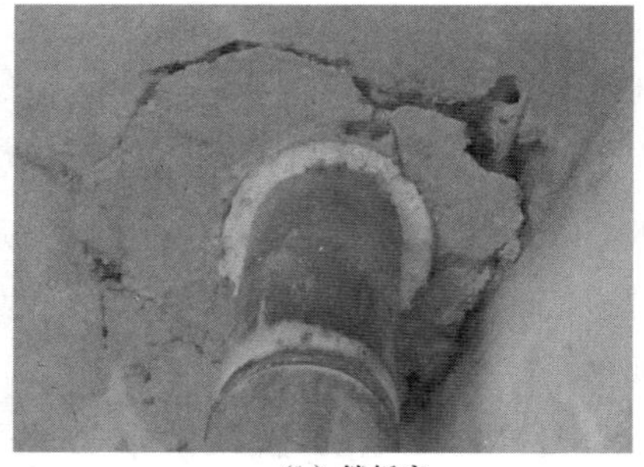

（b）楼板底

图 4-39　管道与套管间缝隙用聚氨酯发泡填充

图 4-40　套管上口防火泥封堵

4.3　设备系统施工

高效新风热回收系统是超低能耗绿色建筑中必备的系统之一，本节从系统安装施工的角度对其安装技术进行分析。

4.3.1　新风系统安装施工工艺技术要求

1. 工艺流程

主机安装→吊杆的制作和安装→风管制作→风管安装→风口安装→成品保护。

2. 施工工艺流程如下

1）主机安装

按照施工图纸，确定好主机位置。因超低能耗绿色建筑的断热桥要求，主机

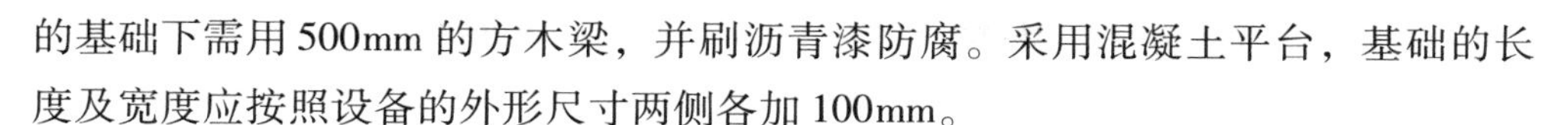

的基础下需用500mm的方木梁，并刷沥青漆防腐。采用混凝土平台，基础的长度及宽度应按照设备的外形尺寸两侧各加100mm。

主机在安装前先复查机组各段体与设计图纸是否相符，部件是否完整无损，配件应安装齐全；安装前对各功能段进行编号，注意段体的排列顺序，以免排错位置。

主机安装时，应先安装喷淋段，再组装两侧的其他功能段。

在通风主机安装位置附近应留有足够的空间，以便于维修和保养。

根据通风主机的电动机功率、电压，进行电源线的配置。电源应独立供给，接线应正确、坚固，并有良好接地；电源线应绝缘良好，不得裸露在外面；通风主机应有独立的控制装置。

主机的各功能段之间的连接应严密，连接完毕后无漏水、渗水、凝结水排放不畅或外溢等现象出现，检查门应开启灵活。

2）吊杆的制作和安装

根据规范的要求，对不同规格的风管采用不同大小的支吊架。吊杆的长度要根据风管的尺寸和安装高度以及楼层梁或钢架的高度来下料加工。

吊杆的吊码用角钢加工，吊杆的末端螺纹丝牙要满足调节风管标高的要求，吊杆的顶部与角钢码焊接固定，吊杆涂防锈漆和面漆各两遍。

3）风管的制作

镀锌风管的制作流程见图4-41。

使用经检验合格后的镀锌钢板，对不同规格的风管采用按规范要求的不同厚度的板材。在熟悉图纸风管的尺寸和布局的基础上，由熟练的技工师傅放线开料，保证风管制作安装符合规范要求。

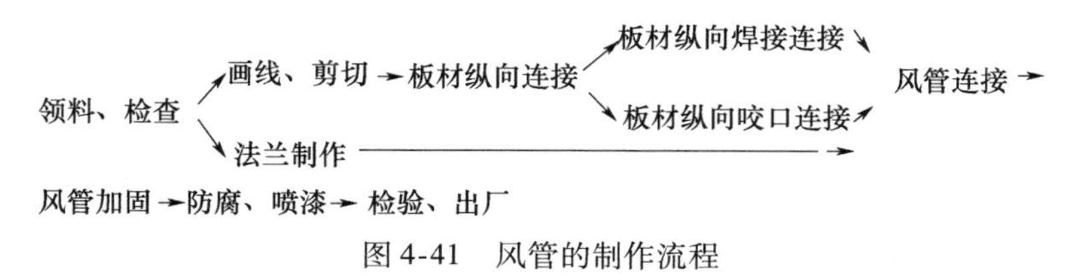

图4-41 风管的制作流程

风管法兰将按照图纸规定的系列规格统一制作，法兰的螺栓孔采用冲床和模具进行定距离冲制，法兰的成形焊接也采用专用模具进行定位焊接，以确保同一规格的风管法兰具有互换性。

钢板开料后，由熟练铆工进行压加强筋、咬口、折弯等工序，咬口处应严密。制作成形后，将法兰固定于风管两端，并在两法兰面平行时，将法兰在风管上铆固。风管和法兰翻边铆接时，翻边应平整，宽度应一致，且不应小于6mm，并不得有开裂和孔洞。风管与法兰的共同制作关键点是材料开料的准确和制作场地的平整，制作好的风管不得有扭曲或倾斜。风管制作好后根据系统进行编号。

4）风管的安装

镀锌风管的安装见图4-42～图4-44。

图4-42　新风管的安装

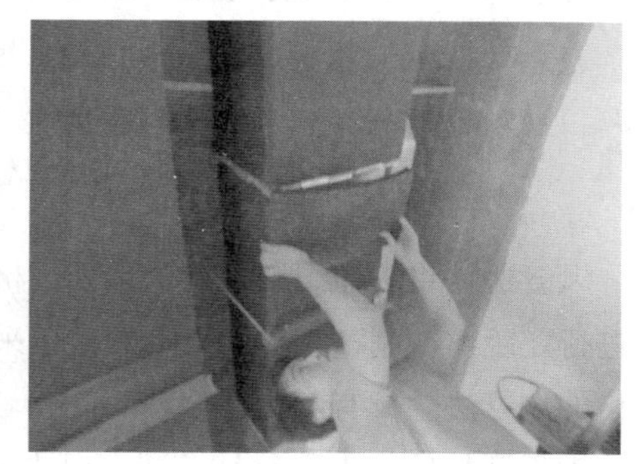

图4-43　新风管的保温安装

图4-44　新风系统风管的安装效果

（1）风管安装前，做好组装件的清洁工作。

（2）根据图纸风管各系统的分布，按照制作好的风管编号进行排列、组合，核对风管尺寸，所在轴线位置符合图纸后，方可吊装。

（3）吊装用手动葫芦，可以由起重班组配合，注意吊装时风管的平衡升降，以防侧滑或倾倒。风管用角钢横担固定于支吊架上。

（4）风管安装时，主管尽量贴紧梁底，支管也尽可能抬高安装。

（5）交叉作业时一定要与水施、电施协调配合好，同时要注意安全。

（6）风管安装好后，检查风管的安装高度是否满足设计要求，风管的水平、垂直度是否符合规范要求，支架是否歪斜，支架间距是否符合要求。

（7）矩形风管边长≥630mm，保温风管边长≥800mm，管段长度在1.2m以上必须采用加强筋或其他加固。

5）风口的安装

（1）安装前，对风口进行外观检查。

（2）对照图纸，确定风口的送排风方式和风口的位置。进风装置应设在室外空气较洁净的地点，且距排风口有一定距离，装置四周必须采用发泡剂填充密封，并做好防水处理。

（3）风口与风管的连接应严密、牢固；边框与建筑饰面贴实，外表面平整不变形。同一空间内，房间内风口的安装高度应一致，排列应整齐。

（4）风口安装配合装饰天花进行，无天花的按系统的需要进行。风口与风管连接要严密，风口布置根据设计图纸，尽量成行成列，风口外观平直美观，与装饰面紧贴，表面无凹凸和翘角。

6）成品保护

（1）成品、半成品加工成型后，按照系统、规格和编号存放在宽敞、避雨、避雪的仓库或棚中，码放在干燥隔潮的木垫上，避免相互碰撞造成表面损伤，要保持所有产品的表面光滑、洁净。

（2）金属风管的表面不得有划伤、刻痕等缺陷。严禁金属风管与其他金属接触。

（3）运输装卸时，应轻拿轻放。风管较多或高出车身的部分要绑扎牢固，避免来回碰撞，损伤风管。

（4）风管在运输时不得碰撞摔损。成品存放地要平整，并有遮阳防雨措施。码放时总高度不得超过3m，上面不得堆放重物。

（5）非金属风管应尽量减少和其他物品的接触，尽量减少额外搬运。

（6）洁净系统风管成品保护应符合以下要求：

① 风管应在门窗齐全的密闭干净的环境中储存。

② 用清洗液将风管内表面的油膜、污物清洗干净，经检查合格，立即用塑料布及胶带封口。

4.3.2 施工中的质量要求

（1）风管下料前按设计要求展开，进行尺寸的核对，根据咬口宽度、重叠层数确定数量大小。

（2）施工中所用吊筋、主机支架以及所使用的法兰、风管（金属风管）应做好防锈处理，除锈后应及时防腐、刷底漆。

（3）金属风管下料后压口倒角、非金属风管坡口等按照要求进行制作，风管与配件的咬口缝应紧密，宽度应一致；折角应平直，圆弧应均匀；两端面平行。风管无明显扭曲与翘角；表面应平整，凹凸不大于10mm。

（4）焊接风管的焊缝应平整，不应有裂缝、凸瘤、穿透的夹渣、气孔及其他缺陷等，焊接后板材的变形应矫正，并将焊渣及飞溅物清除干净。

（5）风管的两端面平行，无明显扭曲。风管外径或外边长的允许偏差为：当小于或等于300mm时，为2mm；当大于300mm时，为3mm。管口平面度的允许偏差为2mm，矩形风管两条对角线长度之差不应大于3mm；圆形法兰任意正交两直径之差不应大于2mm。

（6）金属风管法兰的焊缝应熔合良好、饱满，无假焊和孔洞；同一批量加工的相同规格法兰的螺孔排列应一致，并具有互换性。风管与法兰采用铆接连接时，铆接应牢固，不应有脱铆和漏铆现象；翻边应平整，紧贴法兰，其宽度应一致，且不应小于6mm；咬缝与四角处不应有开裂与孔洞。

（7）非金属风管与法兰应成一整体，并应有过渡圆弧，与风管轴线成直角，管口平面度的允许偏差为3mm，螺孔的排列应均匀，距管壁的距离应一致，允许偏差为2mm。

（8）无法兰连接风管的薄钢板法兰高度应参照金属法兰风管的规定执行。采取套管连接的，套管的厚度不应小于风管的厚度。

（9）风管安装后，应进行严密性实验。合格后方可进行后续施工。

（10）风管内严禁穿线。在风管穿过需要封闭的防火、防爆的墙体或楼板时，应设预埋管道或防护套管。

（11）风口外装饰面应平整，叶片或扩散环的分布应匀称、颜色一致，无明显划痕和压痕。调节装置转动灵活，可靠，定位后无明显偏差。风口尺寸允许偏差见表4-1。

表4-1　风口尺寸偏差　（mm）

矩形风口			
边长	<300	300～500	>800
允许偏差	－1	－2	－3
对角线长度	<300	300～500	>500
对角线长度之差	1	2	3

4.3.3　施工中的质量控制措施

1. 金属风管的质量控制措施

1）金属风管材料在加工制造和运输过程中要避免碰伤、擦伤，以防损伤造成镀锌层的脱落、锈蚀、刮花和粉化等现象，缩短风管的使用寿命（图4-45）。

2）在薄钢板共板法兰折弯加工时应对准折弯线，以确保共板法兰面的平整，法兰连接处严密，防止漏风，减少冷热量的损失。

3）金属风管中的矩形弯头、正三通和斜三通等零、部件的角度不准确，造成风管系统的标高、走向偏差较大，影响到其他专业的施工，造成返工、浪费和延误工期，应从加工制作工艺方面加以重视，克服角度偏差的问题，见图4-46。

图4-45　镀锌层锈蚀、刮花和镀锌层粉化

图4-46　矩形弯头、正三通和斜三通

2. 金属风管连接的质量控制措施

1）镀锌风管安装连接时采用的法兰垫料材质要合格，一般选用不产尘、不易老化、具有一定强度和弹性的发泡聚乙烯塑料带，厚度在5～8mm，宽度为20mm，均匀布于法兰之间。

2）水平安装的超长风管（超过20m）未加设防止摆动的固定点（图4-47），容易导致风管系统的摆动，影响空调系统的稳定性，导致风管连接处产生漏风现象。加设防摆支架的风管如图4-48所示。对设置固定点有一定难度的风管可采取斜拉钢丝绳固定的方式解决。

3）薄钢板法兰的连接件间距太大或连接件松紧不一致，导致法兰接口处漏风。可采取如下质量控制措施：

（1）操作空间比较小的风管采取地面预组装、整体吊装的方式进行安装。

（2）严格按照国家建筑标准设计图集《薄钢板法兰风管制作与安装》

（07K133）的要求布置风管弹簧夹。

（3）根据薄钢板风管的法兰规格选择正确的法兰风管连接件。

（4）严禁薄钢板法兰风管连接件的重复使用，且根据不同规格的连接件采用相应的专业工具。

图4-47　超长风管未设固定支架

图4-48　超长风管设置固定支架

4）法兰连接的分支管、法兰面一定要平整，平面度的偏差要小于2mm，保证其接口的严密性；咬口缝连接的分支管、咬口缝的形状一定要规则，吻合良好，咬口严密、牢固。连接的方式、方法应该按照设计要求进行。

5）要求严格控制施工工序，确保安装的风管咬缝严密，管段连接严密，并按要求进行漏光或漏风量的检测。

3. 金属风管部件安装的质量控制措施

1）加强设计和施工技术交底，加强对防火阀的安装位置的检查，防火阀安装位置应尽可能靠近防火墙或分隔区，最大限度地发挥其防烟隔断的功能，距墙表面不应大于200mm，如图4-49所示。

图4-49　防火阀的安装距离

2）柔性短管连接要松紧适当，不存在明显的扭曲和变形，减少风阻，同时满足使用和观感效果。

4. 金属风管支、吊架安装的质量控制措施

1）水平安装风管吊架安装间距过大，易使风管挠曲，在自身重力作用下对法兰面形成拉扯，造成接口漏风，应合理加设支吊架满足规范要求。

2）消声器应设置独立的支、吊架，在损坏时便于更换（图 4-50）。

图 4-50　消声器加设独立的支、吊架

3）支、吊架位置设置不当，设置在风口、风阀等功能部件上，妨碍功能部件的正常使用，如图 4-51 所示。

图 4-51　支、吊架位置设置不当

第5章　超低能耗绿色建筑的检测与评价

5.1　检测与测试

超低能耗绿色建筑作为国际上快速发展的能效高且健康舒适的建筑，对实施能源资源消费革命发展战略，推进城乡发展从粗放型向绿色低碳型转变，对实现新型城镇化，建设生态文明具有重要意义。近年来全国推进超低能耗绿色建筑建设发展，实际运行效果如何，是否真正能够为实现建筑超低能耗做出贡献，这些都需要通过检测来进行印证。同时，随着超低能耗绿色建筑评价工作的开展，在对此类建筑进行评价时，可能会出现缺乏充分的数据资料支持评价结果的现象，因此必须进行超低能耗绿色建筑检测才能获得相关必要的数据，由此来支撑相应的评价结果。

以上阐述表明，超低能耗绿色建筑竣工验收时需要进行一系列检测才能验证是否达到要求。检测内容主要包括：气密性、设备系统能效、围护结构热工性能、材料部品复检等。

5.1.1　气密性测试

建筑气密性能对于实现超低能耗绿色建筑的能耗目标非常重要。良好的气密性可以减少冬季冷风渗透，降低夏季非受控通风导致的供冷需求增加，避免湿气侵入造成的建筑发霉、结露和损坏，减少室外噪声和空气污染等不良因素对室内环境的影响，提高使用者的生活品质。

目前，我国普通节能建筑根据《建筑外窗气密、水密、抗风压性能现场检测方法》（JG/T 211—2007）和《建筑外门窗气密、水密、抗风压性能分级及检测方法》（GB/T 7106—2008）只对建筑外窗窗口的气密性进行测试，尚无对建筑整体气密性的检测方法。

建筑外窗窗口的气密性检测方法如下所示：

（1）气密性能检测前，应测量外窗面积；弧形窗、折线窗应按展开面积计算。从室内侧用厚度不小于0.2mm的透明塑料膜覆盖整个窗范围并沿窗边框处密封，要求能覆盖整个窗口，接着用密封胶带将窗口密封，确认密封良好，密封膜不应重复使用。在室内侧的窗洞口上安装密封板，确认密封良好。

（2）预备加压：正负压检测前，分别施加三个压差脉冲，压差绝对值为150Pa，加压速度约为50Pa/s。压差稳定作用时间不少于3s，泄压时间不少于1s，检查密封板及透明膜的密封状态。

（3）附加渗透量的测定：逐级加压，每级压力作用时间约为10s，先逐级正压，后逐级负压。记录各级测量值。附加空气渗透量是指除通过试件本身的空气渗透量以外通过设备和密封板，以及各部分之间连接缝等部位的空气渗透量。

（4）总空气渗透量测量：打开密封板检查门，去除试件上所加密封措施薄膜后关闭检查门并密封后进行检测。

超低能耗绿色建筑不仅仅要求外窗窗口的气密性满足要求，同时还必须满足建筑的整体气密性。

国外对建筑整体气密性检测的方法主要有两种，即气压法和示踪气体法。气压法受人为的影响因素小，现场操作较方便，但其测试结果代表特定压差下围护结构的气密性，用于比较房间气密性的相对好坏，当室外风速过大或室内外温差过大的情况下不宜采用。示踪气体法测定结果代表测试时的自然状态下建筑围护结构的气密性，但受室外环境和人为因素影响较大，现场操作难度大。因此根据超低能耗绿色建筑的气密性要求，应采用气压法对建筑的整体气密性进行检测。

1. 气压法测试原理

房屋气密性测试主要是将鼓风机安装在密封门上，通过鼓风机对房屋进行加压和减压使房屋内外产生压力差。这个压力差可以使空气在房屋的外围结构之间流动，通过测量鼓风机对室内压力的改变量，系统就可以测量整个房屋围护结构的气密性。这套系统主要检验建筑物（建筑围护结构）整体气密性以及外门窗

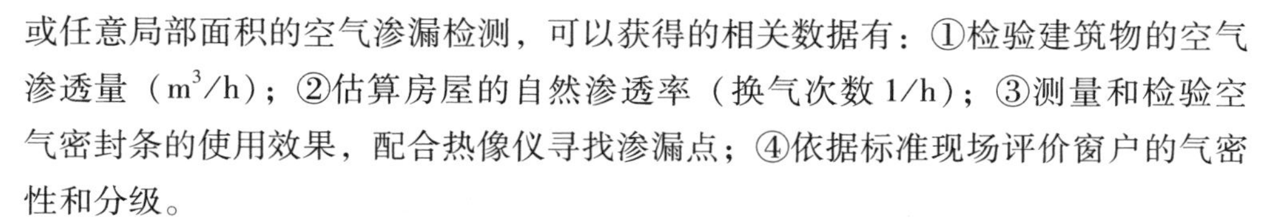

或任意局部面积的空气渗漏检测，可以获得的相关数据有：①检验建筑物的空气渗透量（m^3/h）；②估算房屋的自然渗透率（换气次数 1/h）；③测量和检验空气密封条的使用效果，配合热像仪寻找渗漏点；④依据标准现场评价窗户的气密性和分级。

2. 测试设备介绍

建筑气密性检测使用到的检测设备主要有鼓风机、数据记录仪、支撑门架、发烟器、热成像仪以及计算机和软件系统。测试现场照片见图 5-1。

图 5-1　超低能耗绿色建筑气密性测试现场照片

测试用鼓风机实际上就是一个连有精密测试软管的高功率电风扇。风扇吹风的一面布置了钢丝网，既保证了操作的安全性，又保证了空气流动的均匀性；风扇抽风的一面，可以安装不同口径的透风环，测试人员可以根据建筑物实际透风量选择规格恰当的透风环。

通过塑料软管与风扇连接的数字式压力表为微分式数值压力表，是重要的数据记录装置，主要测量输入端和相应的参考端（即建筑本底压力值）的压力差。这个设备上有两个通道，可以同时检测并显示建筑物的压力值和风扇的压力值。而且，该设备可以直接显示鼓风机的气流大小。这个数值记录表与风扇速度控制器相连，鼓风机的风速可以通过控制器面板上的开关来调节，如图 5-2所示。

图 5-2　数字记录设备

将数据记录装置通过数据线与安装了测试软件的计算机连接之后，可以使用计算机上的专用测试软件对气密性测试系统进行精准的控制。这套加载在计算机上的软件，能够测试并显示与建筑物气密性的相关数据结果，例如空气转换量、漏气点、计算自然渗透率等。

3. 测试流程

1）熟悉图纸，计算房屋相关参数

测试人员在进行一栋建筑的气密性测试之前，必须熟悉图纸，一方面，要计算清楚建筑物的相关参数，例如房屋室内空间体积、建筑楼板面积、建筑物围护结构总面积等。这些参数在启动测试软件时要输入相应的程序中。另一方面，建筑物体积的大小也影响着测试风扇的选择。大体积的建筑物，漏风量可能较大，应该选择更大功率的风扇，或者采用双风扇甚至多风扇测试设备。

2）现场踏勘，测试条件

准备房屋气密性测试现场应满足一定的条件，建筑物的外门窗应安装完毕且在测试过程中要保持关闭严实状态；与室外连通的排风洞在测试时应提前密封，因为按照房屋气密性的标准要求，这一部位的空气渗透是容许的，房屋整体气密性不需考虑此处的影响。测试人员通过现场踏勘，选择合适的部位安装鼓风机设备。

3）组装测试设备

当现场条件都准备好之后，就可以安装整套测试设备了。这一阶段的工作主要是组装鼓风门，连接风扇、数据记录仪和计算机。

4）设备调试

启动安装在计算机上的专用测试软件，按照软件程序中的流程填写相关的数据，这些数据包括项目的信息、建筑物的参数、室内外的温度以及风扇规格型号、风压的类型等。此时可以手动操作风扇控制器，初步估算房屋的漏风状况。

5）启动风扇进行测试并实时记录数据

测试人员初步估算房间的漏风状况之后，就可以在软件程序中输入合理的室内外压力值进行测试。一般房屋气密性是要考虑50Pa室内外压差下的漏风数据，测试程序会分别检测室内正压和风压两种情况的漏风量，每一种风压都可以选择不同压力值来进行测试，例如可以选择60Pa、55Pa、50Pa、45Pa、40Pa、35Pa、30Pa、25Pa等不同数据。这些多组压力下测试出来的漏风量数据在程序中会自动加权得出50Pa标准压差下的压力值作为最终测试结果。

6）现场漏风情况检查

当室内外保持一定风压时，空气会通过密封薄弱的部位渗透过去，此时可以通过红外热成像仪或者发烟器快速寻找漏风点。红外热成像仪查找漏风点的原理是室内外空气温度相差很大，当室内维持负压时，室外的热空气（或者冷空气）在漏风点处渗入室内，用红外热成像仪拍摄的热成像照片能够显示出因空气流动带来的温差效果。

另外一种查找漏风点的方法是采用发烟器，这是一种可以散发雾状气体的设备。当室内维持正压时，室内的空气会通过漏风点渗透到室外，在透风部位释放雾状气体，人们可以很清楚地看到气体的流动情况。

7）测试结束与数据分析

气密性测试程序结束之后，软件会自动生成数据结果。这个结果包含了按照德国、英国、加拿大等不同国家气密性评判标准而求出的不同类别的数据。例如按照德国的标准，求出了建筑物每1m^{3}渗漏的空气体积数据；按照英国的标准，则是将房间的漏风量除以建筑楼板面积和建筑围护结构面积进行考量；加拿大的标准，则是按照“cm”为基准单位进行计算取值。

对于超低能耗绿色建筑，一般会进行两次气密性测试（过程测试和竣工测试）。在主体施工结束、门窗安装完毕、内外抹灰完成后，精装修施工开始前可进行气密性测试，便于查找薄弱点并进行修复。由于后续的装修施工可能会对气密层产生破坏，因此，精装修工程完毕后还应对建筑进行气密性检测，以竣工测试报告作为竣工验收的证明材料。

建筑气密性现场检测受到的影响因素较多，为保证测试结果能够准确反映建筑整体气密性水平，完善、统一的测试和数据处理方法必不可少。目前压差法是超低能耗绿色建筑气密性检测应用较多的方法，测试方法宜采用结合红外线热成像仪的鼓风门法；测试前必须关闭所有外门窗，封闭所有墙上的通风孔以及与户外连接的管道阀门部件；测试过程中，当测试结果不合格时，应及时查找建筑物的渗漏源并进行处理。

5.1.2 新风热回收装置检测

新风热回收是超低能耗绿色建筑必不可少的节能措施，其性能水平直接影响超低能耗绿色建筑的能耗水平。为此，需要对新风热回收装置性能进行检测，检测内容包括风量、风压、输入功率、单位风量耗功率、热交换效率等参数的测试，并应符合下列规定：

（1）对于额定风量大于 3000m^3/h 的热回收装置，应进行现场检测。

（2）对于额定风量小于或等于 3000m^3/h 的热回收装置应进行现场抽检，送至实验室检测。同型号、同规格的产品抽检数量不得少于 1 台；检测方法应符合现行国家标准《空气-空气能量回收装置》（GB/T 21087）的规定，检测结果应符合设计要求。对于获得高性能节能标识（或认证）且在标识（或认证）有效期内的产品，提供证书可免于现场抽检。

5.1.3 围护结构热工缺陷检测

应对围护结构热工缺陷进行检测，围护结构热工缺陷检测包括外表面热工缺陷检测和内表面热工缺陷检测。围护结构热工缺陷检测方法应按现行行业标准《居住建筑节能检测标准》（JGJ/T 132）的相关要求进行。受检外表面缺陷区域与主体区域面积的比值应小于 10%，且单块缺陷面积应小于 0.5m^2；受检内表面因缺陷区域导致的能耗增加比值应小于 5%，且单块缺陷面积应小于 0.3m^2。当受检内表面的检测结果满足此规定时，应判为合格，否则应判为不合格。

5.1.4 材料部品的复检

应按现行国家标准《建筑节能工程施工质量验收标准》（GB 50411）对外墙

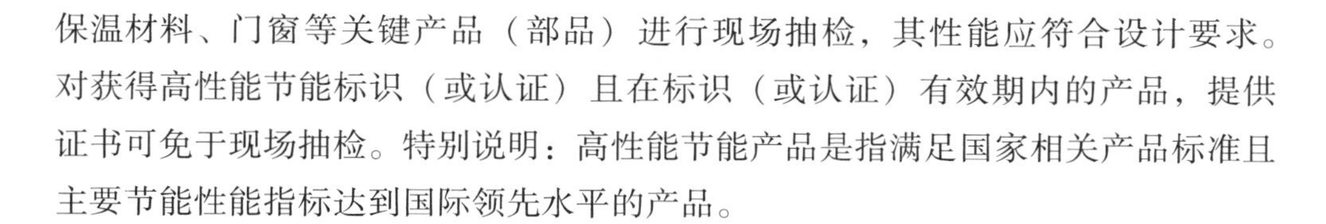

保温材料、门窗等关键产品（部品）进行现场抽检，其性能应符合设计要求。对获得高性能节能标识（或认证）且在标识（或认证）有效期内的产品，提供证书可免于现场抽检。特别说明：高性能节能产品是指满足国家相关产品标准且主要节能性能指标达到国际领先水平的产品。

5.2　评价体系与要点

为保证超低能耗绿色建筑的实施质量，推动其健康发展，需要通过评价技术，对其设计、施工及运行全过程进行核查和管理，进一步保证质量。当建筑设计完成后，应对其整个设计过程进行评价，设计部分的重点是评价建筑是否采取了性能化设计方法，能耗指标是否达到标准要求；当建筑建造完成后，应对其整个建造过程进行评价，建造部分应重点评价建筑采取的“超低能耗绿色建筑施工措施”；当建筑竣工验收运行一年后，应评估其运行效果。实际工程中，由于超低能耗绿色建筑相比常规建筑，在设计、施工等方面均有更高的要求，因此在评价方法以及对评价人员需要具备的专业技能上也有不同要求。下面针对河北省超低能耗绿色建筑的评价体系与要点进行详细阐述。

5.2.1　评价原则

1. 因地制宜的原则

首先，国外超低能耗建筑认证的技术体系依照的是当地的各类标准和要求，与中国的建筑技术体系、管理体系以及气候条件、建筑形式、居住习惯、用能特点等实际情况不符；其次，中国建筑业的管理体系现状和目前正在开展实施的建筑能效标识体系决定了超低能耗绿色建筑评价必须分阶段把控，坚持“因地制宜”的原则，研究适合中国国情、市场特点的评价体系。

2. 开放性原则

超低能耗绿色建筑的评价依据国家及地方现行标准规范：如《近零能耗建筑技术标准》（GB/T 51350）、《被动式低能耗居住建筑节能设计标准》［DB 13（J）/T 177］、《被动式超低能耗居住建筑节能设计标准》［DB 13（J）/T 273］、《被动式超低能耗公共建筑节能设计标准》［DB 13（J）/T 263］、《被动式低能耗建筑施工及验收规程》［DB 13（J）/T 238］等。随着超低能耗绿色建筑的推广建设，工程项目问题逐渐增多，标准规范将做相应修正，坚持开放性原则，以保证评价体系可以在最短的时间内做出相应的调整。

3. 科学性原则

一是在对比分析现有评价体系的基础上，确定结构框架；二是通过分析已有超低能耗绿色建筑项目建设过程中影响质量控制的关键指标，分阶段研究，保证评价体系的科学合理性。

4. 客观公正的原则

通过全面调研、科学分析，总结制定“评价技术要点”。评价技术要点初稿征求项目建设、设计、施工、监理、政府主管部门、业主等多方意见，保证评价体系的客观公正性。

5.2.2 结构框架

1. 评价条件

超低能耗绿色建筑的评价工作分为设计评价和施工评价，运行评估待定。设计评价应在施工图设计文件审查通过后进行；施工评价应在建设工程竣工验收通过后进行。

2. 评价主体

1）实施主体

超低能耗绿色建筑由各市住房城乡建设主管部门组织评审专家及相关单位进行评价。随着超低能耗绿色建筑技术的成熟和广泛应用，超低能耗绿色建筑评价将逐步向第三方机构过渡，住房城乡建设主管部门对其进行指导和监督。

2）申报主体

申报主体应为项目建设单位，鼓励设计单位、咨询单位、施工单位和物业管理单位等相关单位共同参与申报。

3. 实施方式

超低能耗绿色建筑项目采用专家评审方式进行认定。评审专家应从省、市两级超低能耗建筑专家库中抽选专家共同组成专家组，其中，省级超低能耗绿色建筑专家库专家不得低于80%。

4. 实施程序

1）建设单位向市住房城乡建设主管部门提出项目进行评价，组织相应资料。

2）各市住房城乡建设主管部门或建设单位组织或委托专业技术负责人员进行形式审查和专业初审，并形成审查意见。形式审查是对资料的完整性等进行审查；专业初审是对项目技术材料能否达到专家评审要求进行初步审核。

3）各市住房城乡建设主管部门从省、市超低能耗建筑专家库中抽取专家，对通过形式审查和专业初审的项目开展评审工作，并形成评价结果。专家评审是在专业初审的基础上，对材料的科学性、合理性以及相关技术措施、指标进行综合评判。

施工评价还应现场核实外保温施工节点、外门窗安装节点、高效新风热回收系统安装、防热桥及气密性处理措施等现场工程施工情况。

4）通过设计评价和施工评价的项目可认定为超低能耗绿色建筑。各市住房城乡建设主管部门应及时在信息平台发布认定结果，并报送省住房城乡建设主管部门备案。超低能耗绿色建筑竣工运行后，可适时进行运行效果评估。

图 5-3 为河北省超低能耗绿色建筑的评价工作流程图。

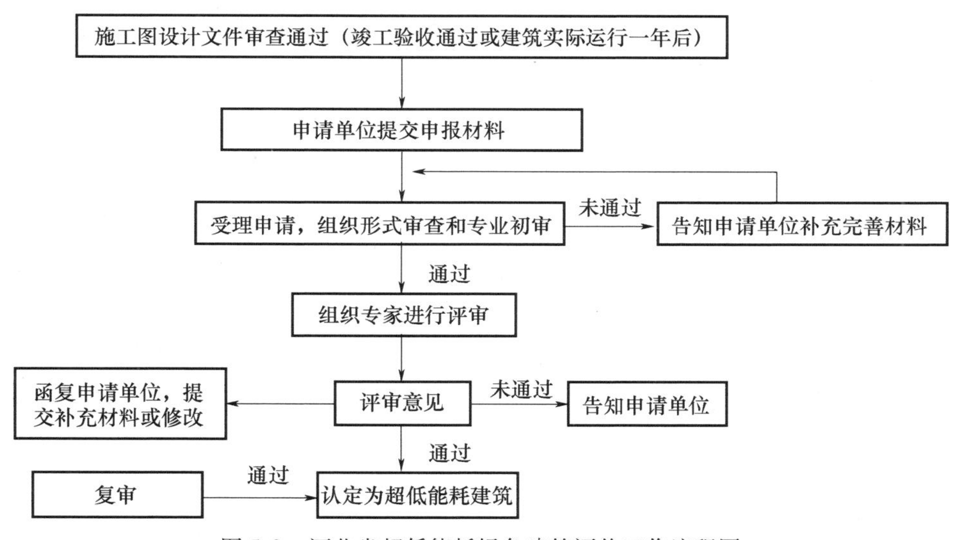

图 5-3　河北省超低能耗绿色建筑评价工作流程图

5.2.3　评价方法

河北省超低能耗绿色建筑的评价工作分为设计评价和施工评价，运行评估待定。设计评价应在施工图设计文件审查通过后进行；施工评价应在建设工程竣工验收通过后进行。

1. 设计评价

设计评价的评价方法主要包括两部分：一是设计文件，二是专业设计（评价）软件能耗计算报告。表5-1为设计评价评审材料。

表5-1 设计评价评审材料

编号	评审材料	备注	要求
1	基本资料	包括但不限于：相关建设批复文件、法人代表身份证件、委托办理人身份证件	① 材料应齐全； ② 形式审查意见回复完善
2	河北省超低能耗绿色建筑基本信息表	附表一、附表二	① 填写完整； ② 填写内容与设计文件应保持一致
3	项目技术方案	包括但不限于：项目概述、效果图、关键技术指标计算及技术途径、建筑设计（整体布局、体形系数、窗墙比）、围护结构热工设计（保温及门窗性能）、气密性及无热桥设计、新风系统方案说明及热回收效率、冷热源及末端设计和控制策略、生活热水、电气节能、可再生能源应用等情况	① 项目技术方案内容与主要施工图、计算书及能耗计算报告应保持一致； ② 主要技术指标（如：气密性、围护结构热工参数、新风系统热回收效率、冷热源系统的能效指标等）应符合河北省现行相关标准的规定
4	主要施工图及计算书	包括但不限于：总平面图、效果图、建筑立面/剖面/典型层平面图、建筑设计说明、工程做法表、关键节点大样图、暖通设计说明、系统图、设备列表、可再生能源设计资料、生活热水系统图、电气设计说明、照明节能设计、能耗监测等图纸和节能、防结露等计算书	① 建筑设计说明、工程做法表、墙身图、关键节点大样图等施工图设计文件应保持一致，并与项目技术方案一致； ② 建筑平、剖面图应标注气密层位置，气密层位置应与设计文件保持一致； ③ 暖通设计说明、系统图、设备列表、可再生能源设计资料应保持一致； ④ 节能、防结露等计算书与设计文件应保持一致
5	能耗计算报告	用专业设计（评价）软件计算	① 设置条件与设计文件应一致； ② 计算结果应符合河北省现行相关标准要求

2. 施工评价

施工评价的评价方法分为两部分：一是设计评价备案，二是其他材料。表5-2为施工评价评审材料。

表 5-2　施工评价评审材料

编号	评审材料	备注	要求
1	设计文件	设计评价文件、施工图审查合格书、施工图纸及相关变更文件（设计评价后发生影响超低能耗建筑关键指标性能变化的应提交设计变更审查通过文件）	① 材料应齐全； ② 形式审查意见回复完善
2	施工组织方案	包括但不限于：外墙、屋面及地面工程，门窗工程，供暖空调和通风系统及设备，给排水系统及设备安装，建筑能耗与环境监测系统，电气工程，室内外装饰装修等施工组织内容，以及针对热桥控制和气密性保障等关键环节制定的专项施工方案	① 施工组织方案应合理和完整； ② 按专项施工方案严格施工
3	气密性测试报告	由具有资质要求的第三方检测机构出具	① 报告应由具备国家规定检测资质的机构出具； ② 应按照现行相关规范标准的规定进行测试； ③ 气密性测试抽样应符合现行相关标准要求； ④ 测试结果应符合设计文件的要求
4	新风热回收装置检测报告		
5	围护结构热工缺陷检测报告		
6	围护结构主体部位传热系数检测报告		
7	隐蔽工程检查验收记录和影像资料	包括但不限于：墙体节能工程、屋面节能工程、外门窗安装工程、地面及楼面节能工程，以及其他影响热桥控制和气密性保障的隐蔽工程	① 隐蔽工程检查验收记录和影像资料应完整； ② 隐蔽工程检查验收记录和影像资料与设计图纸应一致
8	材料的出厂合格证明及进场复检报告	包括但不限于：围护结构相关材料/产品、外门窗产品等	① 报告应齐全； ② 材料和设备（围护结构相关材料/产品、外门窗产品、新风热回收系统相关产品等）的试验报告应符合设计文件和现行相关标准要求

3. 运行评估

运行评估应在超低能耗绿色建筑竣工验收一年后，且建筑的空置率不高于25%并充分使用的情况下进行。运行评估的过程可使用建筑投入使用 1 年内的数据，对于评价数据不完善的建筑需要通过测试得到相应数据。现河北省未对超低能耗绿色建筑运行评估提出明确的技术要求，随着超低能耗绿色建筑建成项目逐渐增多，运行评估的可实施性将会凸显出来。

超低能耗绿色建筑应将室内环境检测和运行能效指标评估作为运行阶段的评审内容，当室内环境测试结果和一次能源消耗符合相关设计标准的规定时，可判定该建筑在运行阶段符合超低能耗绿色建筑要求。

1）室内环境检测

室内环境检测一般以测试分析报告形式提供，内容应包括：室内温度、湿度、热桥部位内表面温度、新风量、室内 $PM_{2.5}$ 含量和室内环境噪声，以及检测时的室外气象条件；公共建筑室内环境检测参数还宜包括 CO_2 浓度和室内照度。审查上述指标参数是否符合相关标准规定。

2）运行能耗与能效指标评估

运行能耗与能效指标评估时间应以一年为一个周期。包括但不限于：建筑使用情况，建筑全年能耗分析报告，太阳能光伏发电、太阳能光热系统、地源热泵、空气源热泵等能源系统运行效率检测与分析报告和建筑使用人员后评估报告。

5.2.4 评价要点

下面详细介绍各个评价阶段的主要评审材料。

1. 项目技术方案

项目技术方案主要包括如下内容：

1）项目概述，包括地理位置、建筑朝向、建筑类型、结构形式、建筑面积、建筑高度、建筑层数、使用功能、环境保证区面积、开发与建设周期等内容。

2）效果图，应能体现建筑造型及装饰构造。

3）关键技术指标及技术途径，包括室内环境参数、能耗指标、建筑关键部品性能参数等，以及实现上述指标采用的技术手段。

4）建筑设计，包括单体建筑平、立、剖面图（应标注气密层位置），以及体形系数、窗墙比等。

5）围护结构热工设计（保温及门窗性能），应符合下列规定：

（1）非透明围护结构

外墙、屋面及地面、架空或外挑楼板等传热系数，做法及大样图。若采用新型建筑保温材料，应对其性能参数进行说明。

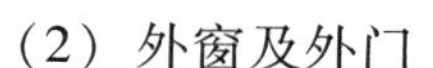

（2）外窗及外门

外窗类型及配置，包括玻璃配置（玻璃层数、Low-E 膜层层数及位置、真空层、惰性气体、边部密封构造等加强玻璃保温隔热性能的措施），窗框型材，开启方式等；外窗传热系数及其太阳得热系数（SHGC）；外门、户门类型及传热系数，外门窗气密、水密及抗风压性能等级；遮阳措施及使用说明等。

6）气密性及无热桥设计，应符合下列规定：

（1）无热桥设计包括关键热桥处理详图和计算书。主要关注部位包括保温层连接部位、外窗与结构墙体连接部位、管道等穿墙或屋面部位以及遮阳装置等需要在外围护结构固定可能导致热桥的部位等。

（2）加强气密性措施，包括气密层位置，外窗与结构墙体连接部位、孔洞部位密封材料、做法详图及说明，砌体墙的抹灰等气密性处理措施。

7）通风系统：高效热回收新风系统（包括热回收效率），厨房和卫生间通风措施等。

8）冷热源及末端设计和控制策略，包括冷热源系统形式，冷热源设备类型、规格、台数及能效指标，冷热源系统节能措施，供暖供冷末端、自动控制系统等。

9）生活热水，包括生活热水所用能源形式及设计水量等。

10）电气节能，包括照明功率密度，照明节能控制，电梯及主要用能设备节能措施等。

11）可再生能源应用，包括可再生能源类型、应用面积及安装部位、装机容量、可再生能源利用效率及贡献率、运行策略等。

12）其他：自然通风节能技术，监测与控制，用于其他说明节能技术的图纸、工程图表，节能技术的创新点等。

2. 能耗计算报告

能耗计算报告应包括以下内容：

1）建筑的基本信息，包括建筑位置、朝向、面积、层数、层高、体形系数以及窗墙面积比等；

2）围护结构信息，包括外围护结构的做法及热工性能，如外墙传热系数、外窗传热系数和太阳得热系数等，热桥数量及线传热系数等详细参数；

3）室内参数设置，包括新风量标准、照明功率密度、设备功率密度、人员密度、建筑运行时间表、房间供暖设定温度、房间供冷设定温度等室内计算参数；

4）供暖空调系统信息，包括供暖、空调系统形式、配置方案、性能参数、运行策略等，新风热回收系统形式、性能参数及运行策略等，自然通风、冷却塔供冷及其他节能策略信息；

5）照明系统信息，包括照明功率密度值、照明时间表、照明系统自动控制方式及其他照明节能措施等；

6）可再生能源系统形式，包括可再生能源类型、应用面积及安装部位、装机容量、可再生能源利用效率及贡献率、运行策略等；

7）计算结果，包括建筑年供暖需求、年供冷需求、照明能耗、建筑全年供暖、空调和照明一次能源需求量，建筑相对节能率；

8）计算软件的名称及版本；

9）涉及节能率计算时，还应包含参照建筑的上述信息。

3. 施工组织方案

施工组织方案应包括外墙、屋面及地面工程，门窗工程，供暖空调和通风系统及设备，给排水系统及设备安装，建筑能耗与环境监测系统，电气工程，室内外装饰装修等施工组织内容，以及针对热桥控制和气密性保障等关键环节制定的专项施工方案。

专项施工组织方案，应包括下列内容：

1）工程概况，包括：工程名称、地点、结构类型、建筑层数、建筑物总高度、建筑面积等其他需说明的情况，建设、设计、施工、监理单位名称及分包施工队伍名称，专项资质证书。

2）编制依据，包括：执行标准、规范、规程、图集等，设计图纸（本工程施工图纸以及设计变更、洽商记录等文件）。

3）建筑材料、保温系统及新风系统等的性能要求。

4）施工组织准备，包括基本要求，施工准备，劳动力计划、主要施工机具计划、施工进度计划，施工管理组织机构及职责等。

5）主要施工方法及施工工艺。

6）质量保障措施，重点是外围护结构保温系统的连续性、热桥部位施工工艺、施工环境保障等。

7）施工验收，包括检验批的划分，材料验收及复验，施工资料，施工过程中隐蔽工程验收等。

8）安全文明施工措施，包括安全管理措施、文明施工管理措施、消防及防火安全措施等。

第 6 章　超低能耗绿色建筑实例浅析

6.1　“在水一方”居住社区

秦皇岛“在水一方”居住社区 C 区的被动房示范面积为 80334m^2，全部为被动式超低能耗绿色建筑，被国家级媒体誉为“中国超低能耗建筑的典范”，是 2011 年确定的第一批示范项目之一。

秦皇岛“在水一方”居住社区位于秦皇岛市海港区大汤河畔，北临和平大街、东临西港路、南临滨河路、西临大汤河，与入海口相连。其被动房示范面积内共 8 栋住宅楼及一所小学（图 6-1），住宅楼地上 18 层，地下 2 层，均为钢筋混凝土剪力墙结构，总建筑面积 28050m^2。2012 年 3 月 28 日开工建设，2014 年

图 6-1　秦皇岛“在水一方”居住社区 C 区被动式超低能耗绿色建筑

6月竣工，2014年9月底业主入住被动房。其中，C15号住宅楼是基于德国被动房标准并结合我国居住建筑的结构特点、人们居住习惯及当地气候条件建造的第一栋被动式超低能耗居住建筑。中德两国技术人员根据秦皇岛的气候条件，设置了室内环境指标和能耗指标作为该项目的预期目标。在确保室内舒适环境的同时使能耗降到最低。其具体指标见表6-1。

表6-1 示范工程设定目标

室内环境指标	能耗指标
1. 室内温度20～26℃ 2. 超温频率≤10% 3. 室内二氧化碳含量≤1000ppm 4. 围护结构内表面温度的温差不超过3℃ 5. 门窗的室内一侧无结露现象 6. 噪声限值 机房≤35dB 功能房≤30dB 起居室≤30dB 卧室≤30dB	1. 采暖 采暖需求≤15kWh/(m^2·a) 采暖负荷≤10W/m^2 2. 制冷 采暖需求≤15kWh/(m^2·a) 采暖负荷≤15W/m^2 3. 房屋总一次能源≤120kWh/(m^2·a)

该项目以被动为主，主动优化。通过优化建筑朝向，最大限度提高建筑自身的保温隔热性，提高建筑气密性；采用导光照明，充分利用太阳能得热、集热和蓄热等；将新风系统和空气源热泵系统集成解决建筑的通风、辅助采暖和制冷，减少了一次能源的使用。

6.1.1 主要节能技术措施

1. 优化建筑朝向及体型系数

在规划阶段将各单体设计为南北朝向。项目所在地区冬季太阳高度角低，阳光容易照射进室内，可提高室内太阳辐射得热量，利用被动式建筑围护结构保温隔热性能极佳的特点，降低采暖需求。同时在建筑设计时充分考虑自然采光和夏季自然通风。从节能与建筑形体关系的角度考虑，建筑形体尽量减少凹凸，形体趋近于长方形。以秦皇岛“在水一方”C区15号楼为例，其体型系数是0.3，达到了建筑节能的标准。该住宅的建筑形体趋近于长方形，长边为23.5m，短边为15.6m，建筑形体尽量减少凹凸，从建筑形体关系的角度实现了节能的目的。

2. 提高非透明部分外围护结构保温隔热性能

1）外墙系统

外墙采用250mm厚石墨聚苯板，如图6-2所示，导热系数$\lambda=0.033$W/(m·K)，尺寸为500mm×600mm，厚度分别为100mm和150mm，分两层错缝铺设，避免出现通缝、裂缝和板材之间缝隙过大等质量问题。建筑每层设置了同厚度300mm高环绕性岩棉防火隔离带，如图6-3所示，门窗洞转角处应采用斜向增强网，呈45°，避免应力集中部位开裂。

图6-2　石墨聚苯板

图6-3　外墙保温及防火隔离带

外墙保温系统节点处均配有窗口连接线条、滴水线条、护角线条、伸缩缝线条、断热桥锚栓、止水密封带、预压密封带等配件，从而提高了外保温系统保温、防水和柔性联结的能力，保证了系统的耐久性、安全性和可靠性。外墙传热

系数 $K=0.13\mathrm{W}/(\mathrm{m}^2\cdot\mathrm{K})$。

2）地下室外墙保温和散水处理

冻土层以下 0.5m 自室外地坪以上 300mm 处的地下室外墙，粘结连续的沥青防水层，防水层上面铺设耐水防潮、耐腐蚀且具有高抗压性的泡沫玻璃。墙基处泡沫玻璃可以抵抗冲击，增强墙基的保护。地坪 300mm 以上的建筑外墙粘接 B1 级的石墨聚苯板，泡沫玻璃和 EPS 板交接处设置金属的雨水导流板，以避免对墙基处保温系统的侵蚀，如图 6-4 所示。散水采用渗水的鹅卵石，从而将雨水导入土壤，同时防止雨水溅射到外墙上，增强散水美观，如图 6-5 所示。

图 6-4　地下室外墙防水保温

图 6-5　散水

3）屋面和女儿墙保温防水

屋面采用了300mm厚石墨聚苯板，导热系数$\lambda=0.033W/(m\cdot K)$。保温层下方，靠近室内一侧设置防水隔汽层，保温层上方设置防水层。屋面传热系数$K=0.10W/(m^2\cdot K)$。

屋面防水保温层一直延伸到女儿墙的内侧和上部，如图6-6所示。女儿墙上部安装2mm厚金属盖板抵御外力撞击。金属板向内倾斜，两侧向下延伸至少150mm，并有滴水鹰嘴导流，防止雨水侵蚀保温层，延长系统的寿命，如图6-7所示。

图6-6　屋顶保温防水

图6-7　屋顶女儿墙盖板

4）首层地面与非采暖地下室顶板、标准层楼板

首层地面采用了150mm厚挤塑聚苯板，B2级，导热系数$\lambda=0.029W/(m\cdot K)$，非采暖地下室顶板采用了150mm厚石墨聚苯板，B1级，首层地面传热系数$K=0.12W/(m^2\cdot K)$。

标准层楼板采用60mm厚EPS板，B2级，导热系数$\lambda=0.041W/(m\cdot K)$，楼板传热系数为$K=0.38W/(m^2\cdot K)$。楼板铺设5mm厚隔声垫，并上返至踢脚线高度。隔声垫的设置意在改善楼板角部的隔声效果，杜绝楼板传声。

5）分户墙、不采暖楼梯间与室内隔墙

分户墙采用两侧各30mm厚酚醛板，导热系数$\lambda=0.018W/(m\cdot K)$，分户墙

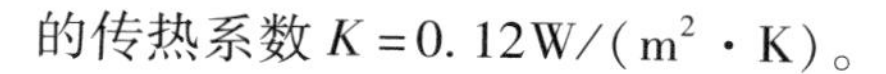

的传热系数 $K=0.12\mathrm{W/(m^2 \cdot K)}$。

不采暖楼梯间与室内隔墙采用 90mm 厚改性酚板，分两层粘贴，传热系数 $K=0.12\mathrm{W/(m^2 \cdot K)}$。电梯井道内粘贴 60mm 厚岩棉板。

6）厨房、卫生间排风道保温

为了防止房间热量通过排风道散失到室外，进入房间的排风道，采用了 70mm 厚 EPS 板保温。

3．采用高效的被动房门窗系统

外门窗系统是围护结构保温、防水和气密性最薄弱的环节，通过外门窗损失的能耗通常占建筑总能耗的 30% ~40%。因此采用高效节能门窗产品至关重要，门窗的材料选择及构造设计决定了门窗性能的发挥。

外窗应具有良好的采光、隔热和保温性能。外窗满足传热系数 $K\leqslant 0.8\mathrm{W/(m^2 \cdot K)}$、玻璃的太阳能总透射比 $g\geqslant 0.35$、玻璃选择性系数 $LSG\geqslant 1.25$ 的性能要求。这种性能的窗可以对不同波长的光线进行选择性透过。从而实现利用自然光满足照明的同时，在夏季将造成冷负荷的光线隔绝在室外，在冬季将辐射到的玻璃近红外线反射回室内。同时其气密性等级不应低于 8 级、水密性等级不应低于 6 级、抗风压性能等级不应低于 9 级。

外窗和阳台门采用德国维卡塑料（上海）有限公司生产的 82 系列平开 PVC 塑料窗，传热系数 $K=0.9\mathrm{W/(m^2 \cdot K)}$。玻璃采用上海耀皮玻璃集团生产的双 Low-E 内充氩气，三玻两中空玻璃传热系数 $K=0.63\mathrm{W/(m^2 \cdot K)}$。

被动房窗户是安装在主体外墙外侧，窗框外侧落在木质支架上以实现更好的隔热效果。外窗借助于角钢固定，整个窗户的 2/3 被包裹在保温层里，形成无热桥构造，如图 6-8 所示。

窗框与窗洞口之间凹凸不平的缝隙填充了自粘性的预压自膨胀密封带，窗框与外墙连接处采用防水隔汽膜和防水透汽膜组成的密封系统。室内侧采用防水隔汽密封带，室外一侧应使用防水透汽密封带，从而从构造上完全强化了窗洞口的密封与防水性能。与传统泡沫胶相比，此类密封带布具有不变形、抗氧化、延展性好、不透水、寿命长等特点。窗台保温层上覆盖金属窗台板，窗台板为滴水线造型，既保护保温层不受紫外线照射老化，也导流雨水，避免雨水对保温层的侵蚀破坏，如图 6-9 所示。

入户门采用江阴市绿胜节能门窗有限公司（丹麦合资）生产的温格润铝合

图 6-8　外窗安装

图 6-9　窗台板

金聚氨酯节能门，传热系数 $K \leq 0.8$W/（$m^2 \cdot K$），其安装方式和气密性的处理和窗户基本一致。

4. 断热桥措施

1）外挑阳台与连廊

阳台和连廊是外挑构件，是建筑最薄弱的热桥环节，处理方式是将阳台（连廊）与主体墙结构断开，阳台板靠挑梁支撑，保温材料将挑梁整体包裹。断开面填充与外墙保温层同厚度的保温材料，如图6-10所示。

图6-10　阳台断开处

2）穿墙管

穿墙管不直接穿过结构墙，外包PVC套管，套管与墙洞之间填充岩棉或发泡聚氨酯，降低热桥。

3）外墙金属支架（空调支架、太阳能热水器支架、落水管等）

外墙上的各种支架如空调支架、太阳能热水器支架和落水管支架都是容易产生热桥的部位，应作合理的隔热处理。金属支架不宜直接埋入外墙，应在基墙上预留支架的安装位置，金属支架与墙体之间安装20mm厚导热系数低且有一定强度的隔热垫层，如硬质塑料、石膏板，以减少金属支架的传热面积，如图6-11所示。

5．提高建筑气密性

1）墙面、顶棚、地面用水泥腻子刮一遍，封堵缝隙，地面刮水泥浆一遍。

2）钢筋混凝土墙体中对穿螺栓孔洞的封堵，先用发泡剂封堵后，内外用抗裂砂浆封堵。

3）穿墙套管与外保温系统之间，穿墙套管发泡后内外用网格布抗裂砂浆封堵或者采用专用气密性套管密封抹抗裂砂浆，套管与外保温系统接口处采用止水密封带。

图 6-11　太阳能热水器支架

4）严格做好集线盒及电线套管的气密安装。先用石膏填充预留孔洞，再将集线盒挤压入石膏填充的孔洞。电线套管穿完电线后采用密封胶封堵。

6. 采用太阳能制备生活热水

该项目采用了分户式太阳能集热热水系统，每户都能独立制备热水。太阳能热水器与高层建筑同步设计、同步施工，建筑与太阳能热水系统完美结合，拥有全天候供应热水、自动运行、环保节能等诸多优点。真空管集热板直接安装在阳台护栏上，配备容积为 80L 的热水储罐，利用太阳能解决生活热水需求。日照不足的时间段，需要用电对储水罐中的水进行补充加热。该装置每年可为每户节电约 1100kW · h。此外，集热器还起到为其下方窗户遮阳的效果。

7. 采用光导照明系统

地下车库采用导光照明装置。室外采用抛物面集光器聚集室外的自然光线，并导入系统内部，再由特殊制作的导光设备强化与高效传输后，由系统底部的漫反射装置把自然光线均匀导入地下，为地下车库照明，利用自然采光节约用电，无论是从黎明到黄昏，还是阴天或雨天，该照明系统导入的光线仍然十分充足。

8. 雨水收集利用

在项目范围内使用通过人工湖、渗水砖、渗透下凹式绿地、渗水植草砖、渗

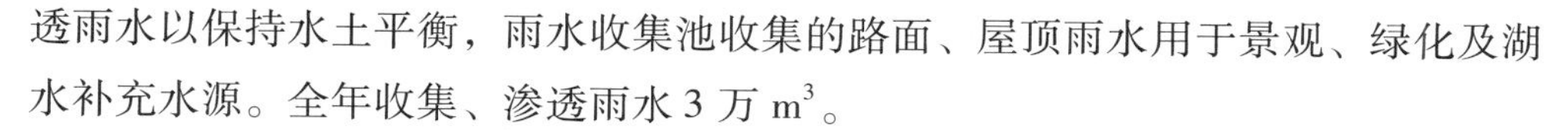

透雨水以保持水土平衡，雨水收集池收集的路面、屋顶雨水用于景观、绿化及湖水补充水源。全年收集、渗透雨水3万m^3。

9. 中水综合利用技术

社区内建有处理水量2000m^3中水处理站（生化处理），污水回收经处理后达到《城市污水再生利用 城市杂用水水质》（GB/T 18920—2002）的标准。中水稳定、水价低、系统运行可靠，其应用于住宅及公共冲厕和小区内道路冲洗。

10. 采用独立可控的分户式多功能新风系统

当项目的建筑围护结构性能提高到极致时，建筑采暖制冷需求降到最低，通过优化主动系统可以较好地解决建筑的通风、辅助采暖和制冷。

该项目为每户配备了独立可控的分户式多功能新风系统，该系统具有供新风、热回收、辅助供暖和制冷的功能。室内主机为板式热回收装置和空气源热泵，吊装在厨房厨柜内，有隔声处理；室外机为高效的空气换热器，新风进风过滤器效率等级为G4级。新风经过预热和过滤后通过新风管道进入起居室和卧室，使用过的室内污浊空气被输送到厨房附近顶部汇流点，经新风系统热交换后排出室外。浴室和卫生间设置有独立的排风管道，新风口和出风口均位于北立面，间距至少3m。新风系统综合热回收率（显热）在75%以上。

新风系统由位于客厅的温控器进行调控，设置3个等级的新风流量，调节室内的采暖、制冷和通风。客厅和主卧各设一组CO_2探头，当室内CO_2浓度上升到限值，新风系统自动启动。

考虑到中国人的烹饪习惯，厨房油烟大，不宜进入新风系统进行排风，厨房单独设置排油烟系统和补风装置。厨房采用的专用油烟机能实现油气分离，将无害废气排放到室外，废气中的余热可以进行回收。同时增加补风装置，与排风系统形成智能联动，保证了厨房的气密性，降低了通风热损失。

我国居住建筑应用新风系统的情况少，经验不多，新风系统设计是被动式低能耗居住建筑面临的主要挑战之一。秦皇岛项目的新风系统方案充分结合了当地气候、居住建筑特点和人们的生活习惯。秦皇岛属于典型北方气候，极端天气不多，带热回收的新风系统和空气源热泵的复合系统较好地解决了新风预热和辅热采暖/制冷，实现了系统整合和紧凑型的布局，降低了造价。而分户式的设计既能激励用户行为节能，也便于物业后期管理维护。厨房、卫生间和浴室单独设立排风系统也是充分考虑中国人生活习惯的一种本土化设计。

表6-2列出了秦皇岛“在水一方”超低能耗建筑示范项目的具体技术措施。

表6-2 秦皇岛“在水一方”超低能耗建筑示范项目技术措施一览表

项目	节能技术和措施	性能指标
围护结构		
外墙	石墨聚苯板，B1级，导热系数为0.033W/（m·K），250mm厚；每层设置环绕性岩棉防火隔离带	K=0.13W/（m^2·K）
屋面	石墨聚苯板，导热系数为0.033W/（m·K），300mm厚	K=0.10W/（m^2·K）
地下室顶板/首层地面	石墨聚苯板，B1级，导热系数为0.033W/（m·K），150mm厚 挤塑聚苯板，B2级，导热系数为0.029W/（m·K），150mm厚	K=0.12W/（m^2·K）
楼板	挤塑聚苯板，B2级，导热系数为0.029W/（m·K），150mm厚	
地面	EPS板，B2级，导热系数为0.041W/（m·K），一层地面100mm厚，标准层地面60mm厚	K=0.38W/（m^2·K）
外窗	外窗玻璃为双Low-E中空充氩气的三层玻璃，传热系数为0.65～0.88W/（m^2·K）；g=0.5；外窗框采用多腔塑料型材，传热系数1.5W/（m^2·K）	整窗传热系数 K=1.00W/（m^2·K）
外门	保温、隔声、防火	K=1.00W/（m^2·K）
分户墙保温	两侧各30mm厚酚醛板，导热系数为0.018W/（m·K）	K=0.27W/（m^2·K）
不采暖楼梯间与室内隔墙	外为120mm厚酚醛板，内为30mm厚酚醛板，导热系数为0.018W/（m·K）	K=0.12W/（m^2·K）
电梯井侧壁	60mm岩棉	
无热桥构造、气密性和隔声措施		
门窗洞口，填充墙	全面抹灰，采用专用密封胶带封堵	
穿墙各种管线	绝热套管，止水密封胶带和密封胶封堵	
楼板隔声	5mm隔声板	
户内下水管道隔声	排水管外包隔声毡	
外挑阳台	与主体结构断开，中间填充保温材料	
外墙附着的金属支架	支架与主体结构之间安装隔热垫层	

续表

项目	节能技术和措施	性能指标
采暖、制冷和新风		
带新风、热回收的空气源热泵一体机	室内温度控制供暖和制冷，二氧化碳浓度控制新风输送	新风系统热回收率达75%以上，新风温度≥16℃，过滤效率等级G4级，能效比2.8
厨房排风	独立排风和补风系统	
生活热水		
分户式太阳能生活热水		
其他绿色技术		
中水利用、雨水收集、地下车库导光照明		

6.1.2　能耗指标

该项目计算采暖需求为13kWh/(m^2·a)，制冷需求为7kWh/(m^2·a)，总一次能源需求（采暖、制冷、新风、生活热水、家用电器）为110kWh/(m^2·a)。建筑气密性是对住宅进行抽样测试，结果N_{50}在0.2～0.53h^{-1}之间，满足被动式超低能耗建筑的要求。

6.1.3　监测与控制

秦皇岛“在水一方”被动式住宅楼能源环境系统自完成施工以来，已经经过完整的运行周期测试，系统设备均运转正常，测试期间室内各点温度相当稳定，各项空气参数、新风量供应（CO_2浓度指标控制）、噪声等性能指标均符合和满足设计要求；机组在高档、中档、低档运行时热回收效率测试值均在70.5%～82.9%之间，平均值达到76%以上。

“在水一方”C15号楼自2013年年初竣工后，对两个抽样房间进行了两个采暖期和制冷期的连续运行和测试，分别是2013年2月17日～2013年4月5日，2013年7月24日～2013年8月24日，2013年11月5日～2014年4月5日，2014年7月3日～2014年8月31日，测试的项目包括建筑能耗、室内温湿度、CO_2浓度、室内噪声、室内新风风速等（表6-3和表6-4）。

表 6-3 “在水一方”C15 号楼抽样房间气密性和室内环境监测

测试项目	中德被动式低能耗建筑标准	实测结果	
测试样本		二层东室，建筑面积 132m²	二层西室，建筑面积 134m²
室内温度	20～26℃	第 1 采暖期温度：18.9℃	第 1 采暖期温度：20.6℃
		第 2 采暖期温度：19.9℃	第 2 采暖期温度：21.0℃
		第 1 制冷期平均温度：27.6℃	第 1 制冷期平均温度：26.3℃
		第 2 制冷期平均温度：24.8℃	第 2 制冷期平均温度：—
室内相对湿度	40%～65%	第 1 采暖期湿度：68.4%	第 1 采暖期湿度：58.9%
		第 2 采暖期湿度：57.4%	第 2 采暖期湿度：52.2%
		第 1 制冷期平均湿度：75.1%	第 1 制冷期平均湿度：75.1%
		第 2 制冷期平均湿度：67.0%	第 2 制冷期平均湿度：—
气密性	N_{50}≤0.6	0.34	0.68
CO_2浓度	≤1000ppm	≤1000ppm，比率达 99.4%	≤1000ppm，比率达 99.6%
室内噪声	≤30dB	≤30dB	≤30dB
室内风速	≤0.3m/s	≤0.3m/s	≤0.3m/s

注：(1) 室内温度：东室居住两人，冬季室内空调设定温度为 18℃；西室居住 3 人，冬季室内空调设定温度为 20℃。(2) “—”是指没有进行测试。

表 6-4 “在水一方”C15 号楼抽样房间能耗实测

项目	全年终端用电量 (kWh/a)				全年一次能源消耗 [kWh/(m² · a)]			
	第 1 年		第 2 年		第 1 年		第 2 年	
	东室	西室	东室	西室	东室	西室	东室	西室
采暖（含新风）	1480.7	2025.3	1936.0	2179.9	33.7	45.3	44.0	48.8
制冷（含新风）	156.6	287.9	363.0	—	3.6	6.4	8.3	—
照明	503.7	202.1	420.4	118.6	11.4	4.5	9.6	2.7
家电、炊事、热水	1743.8	2111.5	1893.0	980.9	39.6	47.3	43.0	22.0
总计	3884.8	4626.8	4612.4	—	88.3	103.6	104.8	—

“在水一方”C15 号楼 2013 年第 1 个采暖期的测试是在全楼未进行封闭的情况下进行的，存在着电梯井、管道井、楼梯间散热散不出去的状况，在这种情况下，抽样的房间仍能满足中德被动式低能耗建筑设计标准。第 2 年的测试是在整栋楼封闭但入住率低的情况下测试的，仍取得了较好的效果。随着 2014 年 10 月以后入住率的上升，房屋蓄热能力的进一步提高，室内环境指标和能耗指标还会

进一步提升。运行测试表明，夏季的制冷时间缩短，用户大部分时间靠开窗自然通风取得较好的室内舒适度。此外，“在水一方”C15号楼进行了$PM_{2.5}$指标测试，仅为旁边节能65%建筑含量的1/6～1/7，良好的建筑气密性和新风系统过滤装置带来较显著的防霾效果。

2013年10月23日，住房城乡建设部科技与产业化发展中心与德国能源署共同为秦皇岛“在水一方”C15号楼颁发了中德合作高能效建筑——被动式低能耗建筑质量标识。

6.1.4 项目成本效益

该工程一期被动房屋与65%节能房屋比较，建筑成本多投入627.80元/m^2，年节约标煤量为348.4t/a，年减少CO_2排放量为906t/a，运行节省费用合计69.23万元/年。除此之外，被动房与普通住宅相比节约了供暖换热站所占用的土地，减少了热力外网的用地面积。被动房投入使用后，大大降低了居住建筑对能源的需求，同时改善了住宅舒适度和居家健康，极大地提高了居住品质，提升了居民的生活质量。

6.1.5 项目分析及评价

第一次应用和探索了我国高密度高层居住建筑中的被动式关键技术和构造，并做了适于国情的调整，包括高厚度带防火隔热带的外墙外保温技术、降低和隔断热桥的技术、提高建筑气密性的技术和产品、带高效热回收的分户式新风技术、厨房新风补风技术等；很多关键技术是国内首次应用，标准远高于规范要求；代表了国内量大面广的主流建筑类型，是国外被动房几乎涉及不到的领域。它既借鉴了欧洲被动房的理念和技术，又做了符合国情的创新，因此具有较强的借鉴性和推广意义。

该项目实测的结果和居住体验显示，建筑没有发霉结露现象，在不需开窗的季节里，室内源源不断的新风保证了高品质的空气质量，其均衡的室内内表面温度使人体在20℃下的体感舒适性大于传统采暖设施供暖房间25℃的舒适性。夏季制冷时间显著缩短，当室外33℃左右，自然通风无须空调状态下，室内28℃让人体依旧处于较舒适的状态。由于建筑良好的气密性，冬季室内的生活散湿被保留在室内使房间不需任何加湿就能保持50%～55%的湿度。建筑的隔声效果极佳，与传统建筑区别明显。在室外施工时，测试房间几乎不受强噪声的干扰。

为建筑产业升级换代提供了契机，为整个节能产业的创新发展提供了动力。秦皇岛项目实施过程中，最大的挑战之一是寻求高性能的关键技术和产品，而这类技术不是高不可攀的前沿技术，而是原材料好、加工工艺水平高、耐久性好的适应性技术，这些技术在国外已经是非常成熟的技术，在国内的应用才刚刚起步。一方面，因国内研发落后，许多关键材料在国内是空白，需要从国外进口或委托外资企业在国内的供应商进行专门加工定制，国内自主研发的技术与国外同等产品相比性能尚有差距；另一方面，我国具有知识产权的好技术因建筑节能标准要求较低、市场需求量小、缺乏应用的途径，导致供应量小、规模化效应低、造价高的问题。因此，被动式超低能耗建筑的发展必然带动高质量高性能技术的应用，如质量好、寿命长的外墙保温系统，高效的被动房门窗系统，降低热桥的构件和材料，带高效热回收的新风系统及热湿交换的膜材料等。同时生产门窗密封材料、防水透汽膜和防水隔汽膜所需要的化工原料行业，生产窗台披水板和女儿墙扣板所用的防锈金属、塑料、橡胶等原材料行业也将会得到快速发展，从而促进整个产业的技术创新，提高技术的精细化和专业化水准。

6.2 河北省建筑科技研发中心科研办公楼

河北一楼是“中德被动式超低能耗建筑示范房”，位于石家庄市槐安西路395号。该项目总建筑面积14527.17m^2，地下一层建筑面积2164.87m^2，地上六层建筑面积12362.3m^2，建筑高度23.55m，属混凝土框架结构。此建筑主要满足建筑节能新技术展示，节能技术研发、试验，普通办公等需要。

河北省建筑科技研发中心科研办公楼-中德被动式超低能耗建筑示范项目是住房城乡建设部2012年的国际技术合作项目，也是国内首家采用德国被动式低能耗建筑标准建设的公共建筑，建设单位为河北省建筑科学研究院，于2014年12月竣工，并获得三星级绿色建筑设计评价标识。其建筑效果图如图6-12所示。

中德被动式超低能耗建筑示范房在建筑节能设计方面坚持“以人为本”的设计思想，遵照“被动技术优先、主动技术优化、可再生能源综合利用、能源高效利用”的绿色、节能设计理念。根据项目所在地气候状况、周边资源情况，在满足项目内部建筑功能舒适度要求的前提下，建筑外围护结构采用具有良好保温

图6-12　河北省建筑科技研发中心科研办公楼建筑效果图

隔热效果和高气密性特点的外围护结构。采用高效的排风热回收装置（新风系统热回收效率达79%）让能源得到充分利用。根据太阳高度角的不同，建筑东、西向外窗采用可调节活动外遮阳，使室内采光得热达到最佳结合点，夏季阻挡太阳辐射热进入室内，冬季尽可能多地让太阳辐射热进入室内；最大限度地利用太阳能（生活热水全部由太阳能热水系统提供，太阳能光伏发电量占建筑总用电量的2%）、地热能（采用土壤源热泵系统为建筑供冷供热）等可再生能源，此外项目还采用了自然通风、自然采光、光导照明、中水回用技术、楼宇自动化控制技术、能耗监测管理系统等30多项绿色节能技术，节能率可达90.5%。通过各种手法，精心规划和设计，力求将该建筑设计成为布局合理、节能环保、绿色生态、生活舒适、适应现代绿色需求的超低能耗建筑。

6.2.1　主要节能技术措施

1. 高效外保温系统

被动式超低能耗建筑的高效外保温系统主要由外墙、屋顶、地面的保温系统构成，指标要求三项指标的传热系数$K \leqslant 0.15W/(m^2 \cdot K)$。本项目中外墙保温采用220厚石墨聚苯板分层错缝粘贴，传热系数$K=0.138W/(m^2 \cdot K)$，地面、屋面采用220厚挤塑聚苯板分层错缝铺装，传热系数$K=0.14W/(m^2 \cdot K)$，如图6-13～图6-15所示。

图 6-13　外墙保温施工照片

图 6-14　屋面保温施工照片

图 6-15　女儿墙保温施工照片

2. 采用双 Low-E 高性能保温隔热外门窗

外窗采用塑钢多腔型，5 三银 Low-E + 12Ar(暖边充氩气) + 5C(钢化玻璃) + 12Ar(暖边充氩气) +5 单银 Low-E 全钢化被动窗，传热系数为 0.8W/(m^2 · K)，设遮阳卷帘遮阳系数为 0.4，可见光透射比为 0.62，保温性能为 10 级，气密性为国家标准 8 级，水密性能等级不低于 6 级；玻璃幕墙：铝包木，6 三银 low-E + 12Ar(暖边充氩气) +6C(钢化玻璃) + 12Ar +6 单银 low-E，传热系数为 0.8W/(m^2 · K)，设遮阳卷帘遮阳系数为 0.4，可见光透射比为 0.62，保温性能为 10 级；屋顶玻璃幕墙均采用(T8 +1.52PVB + T8) + 12a + (5 +0.2 +5)，夹胶钢化中空玻璃 + 真空玻璃，传热系数为 1.0W/(m^2 · K)，可见光透射比为 0.62，保温性能为 7 级；外门采用铝包木框料，玻璃采用 6 三银 Low – E + 12Ar(暖边充氩气) +6C(钢化玻璃) + 12Ar(暖边充氩气) +6 单银 Low – E(钢化玻璃)，传热系数为 1.0W/(m^2 · K)，如图 6-16 所示。

图 6-16　外窗安装

3. 无热桥施工

为保证被动式超低能耗建筑的整体保温效果及建筑耐久性，被动式超低能耗建筑严禁出现热桥。在被动式超低能耗建筑的设计、施工过程中对防热桥部位的做法尤为重视。在本项目实施过程中防热桥部位主要包括：穿外墙管道、雨水管支架、屋面设备基础、屋面雨水收集口、首层隔墙与楼板交接处、首层结构柱等。对一般结构性热桥采取连续、不间断保温层包裹进行处理；对系统性热桥采取热隔断措施，尽量消除系统性热桥对建筑冷热负荷的影响。

4. 可调外遮阳技术

采用可调外遮阳技术，西向外窗、中庭采光井透明屋顶采用可调节外遮阳卷帘，根据需要调节遮阳装置的位置，防止夏季强烈的阳光透过窗户玻璃直接进入室内，有效改善室内热环境、节约空调能耗、提高舒适度。外遮阳卷帘安装示意图及施工照片如图 6-17、图 6-18 所示。

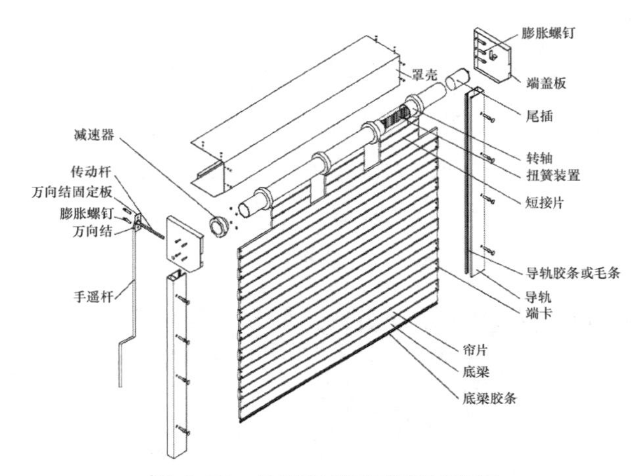

图 6-17　外遮阳卷帘安装示意图

图 6-18　外遮阳卷帘安装施工照片

5. 高效热回收新风系统

被动式超低能耗建筑要求其新风系统热回收效率≥75%，本项目出于节能考

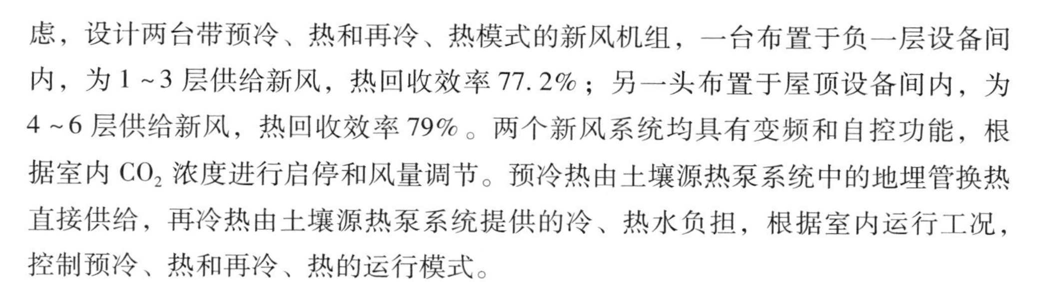

虑，设计两台带预冷、热和再冷、热模式的新风机组，一台布置于负一层设备间内，为 1 ~3 层供给新风，热回收效率 77.2%；另一头布置于屋顶设备间内，为 4 ~6 层供给新风，热回收效率 79%。两个新风系统均具有变频和自控功能，根据室内 CO_2 浓度进行启停和风量调节。预冷热由土壤源热泵系统中的地埋管换热直接供给，再冷热由土壤源热泵系统提供的冷、热水负担，根据室内运行工况，控制预冷、热和再冷、热的运行模式。

1）夏季新风处理过程：室外新风→一级表冷段预冷盘管冷却→二级表冷段制冷盘管冷却（处理到室内等含湿量状态）→送入室内（新风承担全部新风负荷和部分室内冷负荷，风机盘管承担室内全部湿负荷和其余冷负荷）。

2）冬季新风处理过程：室外新风→一级表冷段预热盘管预热→高效板式热回收热交换→二级表冷段加热→高压喷雾加湿段加湿→送入室内（与风机盘管共同承担室内热负荷）。

3）新风机组带回风旁通功能，室内外温差≤4℃时，开启旁通。过渡季节，开启旁通。

4）新风系统采用变风量末端，根据室内 CO_2浓度实现分层、分区域变风量自动控制。

两个新风系统均具有变频和自控功能，根据室内 CO_2 浓度进行启停和风量调节。预冷热由土壤源热泵系统中的地埋管换热直接供给，再冷热由土壤源热泵系统提供的冷、热水负担，根据室内运行工况，控制预冷、热和再冷、热的运行模式。如图 6-19 所示。

6. 地源热泵系统

本工程选用一台水冷式冷水机组和一台地源热泵机组作为冷热源。冷水机组及地源热泵机组冷冻水及冷却水侧均为变流量运行；冷热源机房位于地下一层。冷水机组仅在夏季运行，为风机盘管提供冷冻水供冷，冬季关闭；地源热泵机组夏季运行供应新风机组冷冻水，冬季运行同时供应新风机组和风机盘管制热用热水。土壤源热泵机组冷冻及冷却侧水泵均为变频水泵，机组运行由智能控制系统根据末端荷载进行实时调节，以保证节能运行。

输配系统形式：空调水系统为两管制一次泵变流量系统，冷水立管及各层支管均为异程式系统，采用定压罐定压。地源热泵机组冷冻水侧，新风机组冷冻水侧及新风机组预冷预热水泵侧补水定压采用一套定压罐装置，定压值为

0.32MPa；地源热泵机组冷却水侧补水定压采用一套定压罐装置，压力值为0.05MPa。

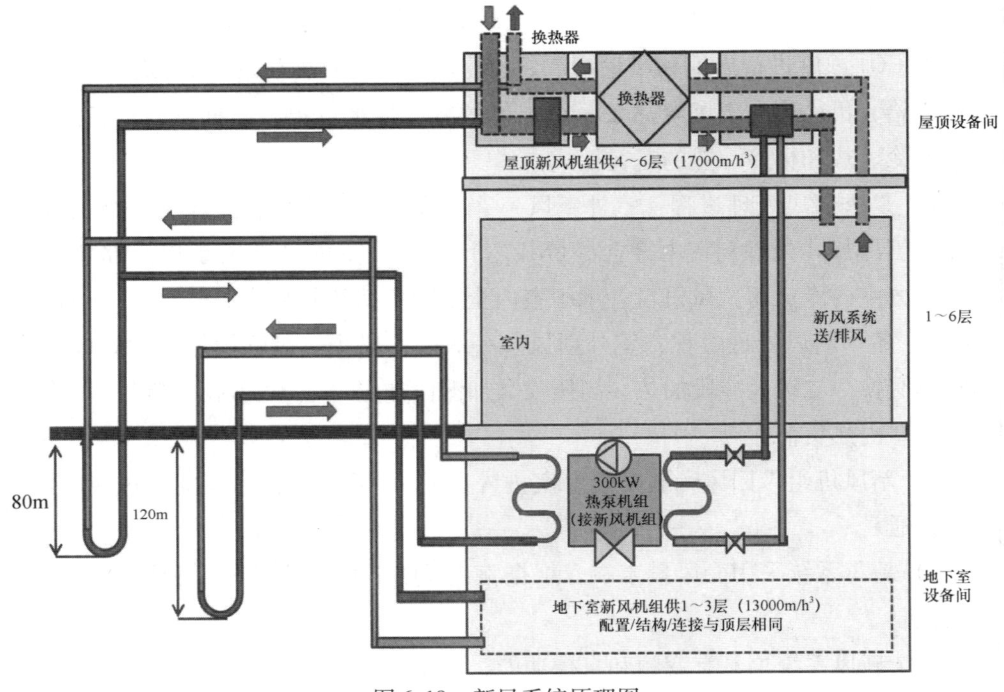

图6-19　新风系统原理图

末端形式：本工程空调系统采用风机盘管加独立新风系统形式。一层大厅冬季采用地板辐射采暖加新风系统；二层容纳50人的大会议室采用毛细管辐射供冷、热系统；其余房间冬夏全部采用风机盘管加独立新风系统。如图6-20所示。

7. 房屋良好气密性

本项目在设计中已将各部位的气密层在施工图中明确标注，对于门、窗及结构墙体的不同材料连接部位，采用防水隔汽膜和防水透汽膜，加强其气密性。对于外门、窗本身，严格控制材料自身性能、指标和安装、施工工艺。

8. 楼宇自控系统及室内空气质量监控系统

本项目采用BAS楼宇自动化控制系统对建筑物内制冷机房、空调设备、新风机组、送排风、给排水、电气系统设备及室内空气质量等进行监测控制，并能显示打印出各系统设备的运行状态和主要运行参数，监控中心设在负一层变电所值班室内。采用直接数字控制器DDC作为BAS系统前端的直接控制设备，DDC

控制器安装在控制箱内，控制箱采用就近被控设备安装方式；根据室内 CO_2 浓度实现分层、分区域变风量自动控制，保证健康舒适的室内环境。楼宇自控系统控制示意图如图 6-21 所示。

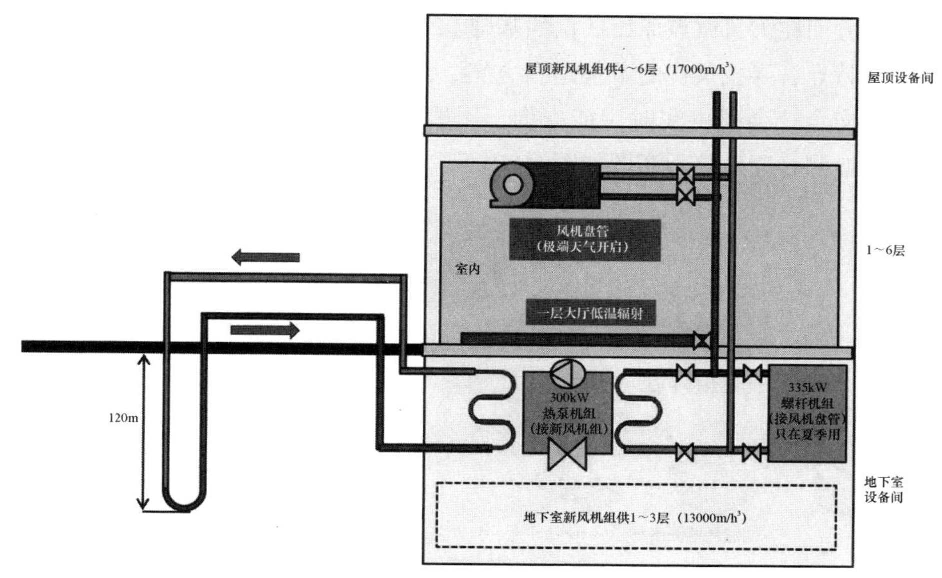

图 6-20　空调系统原理图

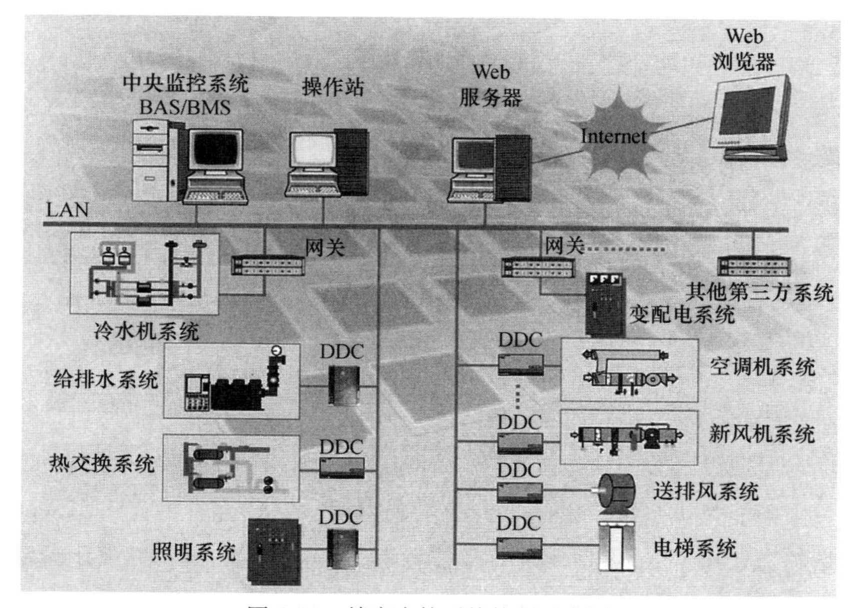

图 6-21　楼宇自控系统控制示意图

9. 能耗监测管理系统

设置能耗监测管理系统，对建筑的水、电等分类能耗进行监测管理，对用电能耗（照明插座用电、空调用电、动力用电、特殊用电分项能耗）进行监测和管理。一方面在大量试点原始数据的基础上，分析不同业态、不同设备、不同用户的用能特点，寻找最优的节能运营方案，最终指导未来智能建筑的节能设计；另一方面向全社会提供实时用能查询、用能排名、用能结构分析和远程控制服务。能耗监测管理系统示意图如图 6-22 所示。

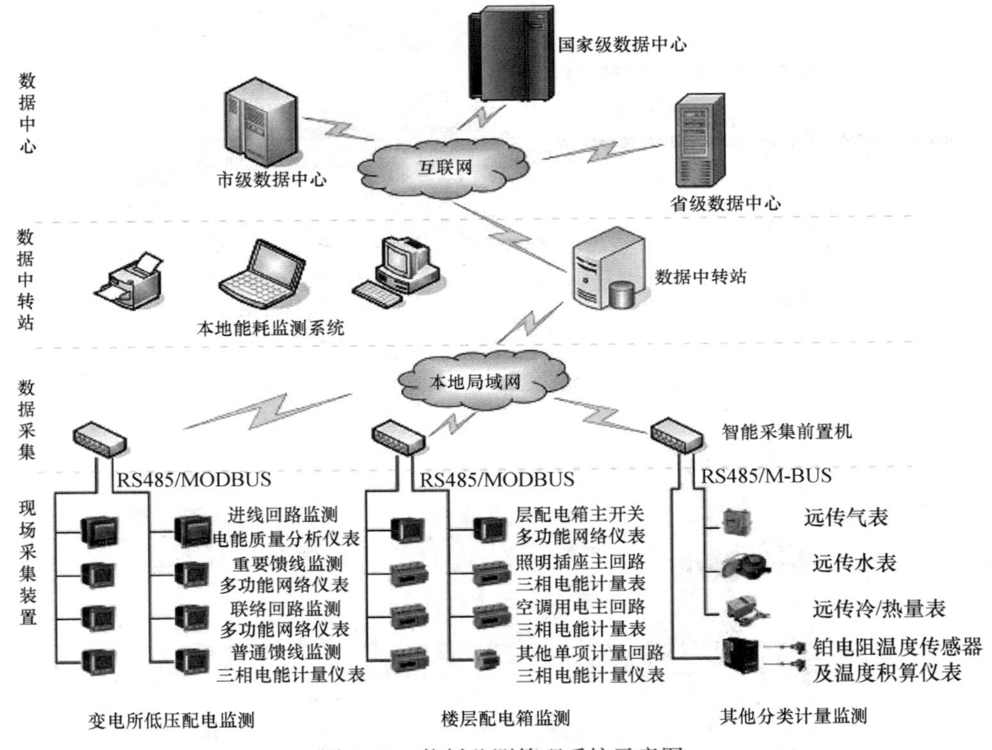

图 6-22　能耗监测管理系统示意图

10. 太阳能系统

本项目屋顶设置太阳能热水系统，为建筑内小型卫生间提供生活热水；五层平台设置太阳能光伏系统，供给平台的景观照明，安装容量约为 1.5kWp，预计年发电量约为 850kW · h，可实现每年节省 343kg 标准煤，减排二氧化碳 847kg。

太阳能光伏并网发电系统原理图如图 6-23 所示。

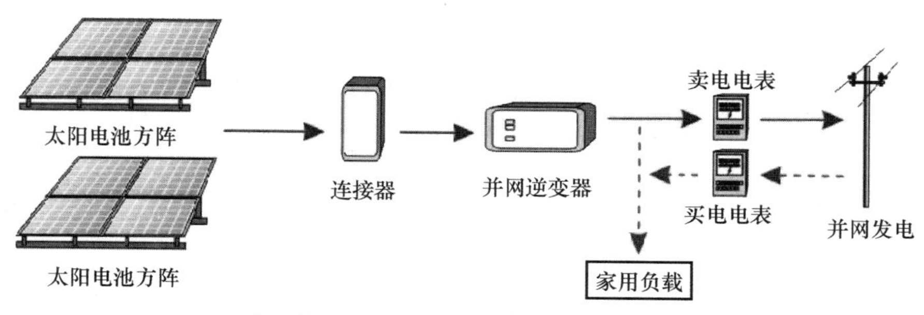

图 6-23　太阳能光伏并网发电系统原理图

11. 保障房屋耐久性的材料与技术

本项目中为保证保温系统的耐久性，距室外地坪 500mm 以下的保温材料采用使用寿命长、化学性能稳定的泡沫玻璃，以保证建筑高效保温系统的整体寿命。

12. 智能化控制

空调系统：具有定时开机、定时关机、根据末端荷载自动调整机组运行负荷功能，时刻保持最节能状态。

新风系统：自动监测室内二氧化碳浓度，并根据反馈信号控制新风机运行负荷及启停。

智能照明：本项目楼梯间、电梯前室、走廊等公共部位的照明均采用 LED 高效节能光源，除电梯前室照明外，公共部位照明均选用红外感应开关；地下车库采用 LED 感应灯，人（车）来灯着，人走延时自动熄灭，有效节约电能。

能耗监测平台：可控制空调系统、新风系统的启停及运行工况，能够自动监测并记录各项能耗情况。分析不同业态、不同设备、不同用户的用能特点，寻找最优的节能运营方案最终指导未来智能建筑的节能设计。公共部位及地下车库 LED 灯的使用如图 6-24、图 6-25 所示。

13. 采用节水灌溉系统

本项目室外绿化灌溉采用微喷灌系统，以实现最大程度节水。绿化灌溉水源为室外中水处理站处理达标后的中水。

14. 中水处理利用技术

本项目室内冲厕采用中水，中水水源来自河北省建筑科技研发中心中水处理站（处理水量 240m^3/d），室外中水用于绿化灌溉和浇洒道路场地等，非传统水源利用率为 64.21%。中水处理工艺流程如图 6-26 所示。

图 6-24　公共部位 LED 光源

图 6-25　地下车库 LED 感应灯

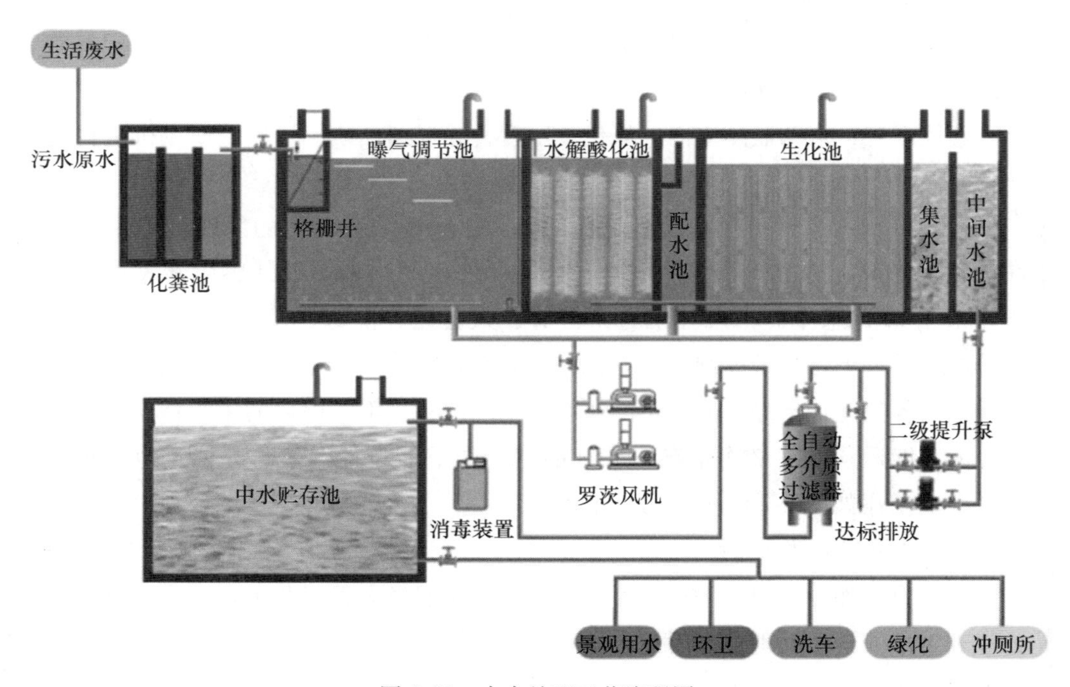

图 6-26　中水处理工艺流程图

6.2.2 能耗指标

该项目计算采暖需求为4.88kWh/(m^2·a)，制冷需求为13.13kWh/(m^2·a)，总一次能源需求（采暖、制冷、新风、生活热水、家用电器）为116.47kWh/(m^2·a)。建筑气密性 N_{50} 为0.22h^{-1}，满足被动式超低能耗建筑的要求。

6.2.3 监测与控制

2015年6月上旬，德国气密性测试专业技术人员“吴大夫”对该建筑进行了气密性测试。为了保证气密性的顺利测试，在该被动房的屋面、地下室及每层均设置检查人员，查找漏点，测试点设置在一层北门。测试结果为0.2h^{-1}，即在50Pa压差下，每小时的房间内的换气次数为0.22次，远小于德国“被动房”的标准0.60次。本测试结果是以建筑体积65%作为换气体积的测试结果，作为公共建筑其内部净空间要大于建筑体积的65%，故此测试结果略大，实际数值应小于0.22 h^{-1}。气密性测试的正压、负压曲线如图6-27所示。

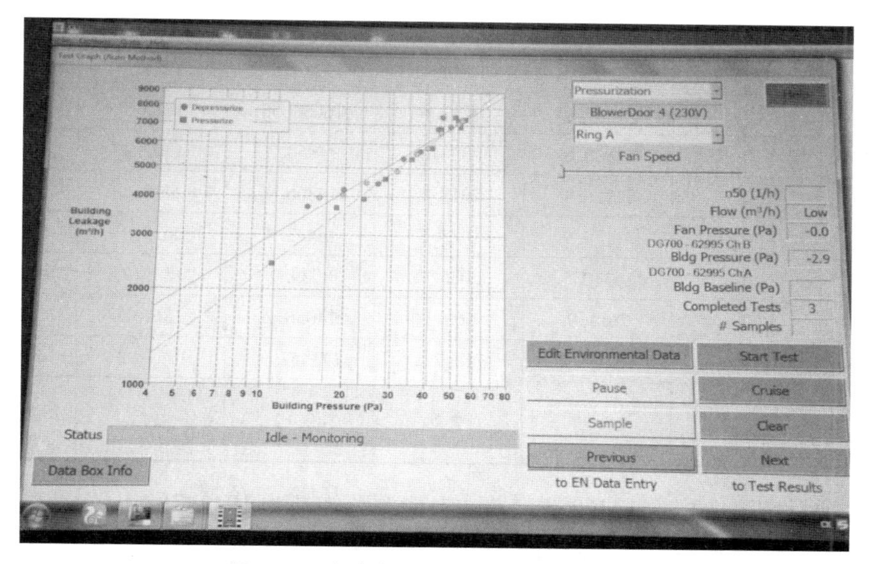

图6-27 气密性测试的正压、负压曲线

本项目于2015年制冷期和采暖期对各楼层室内温度、湿度、外墙内表面温度等数据进行采集，其效果优异；新风系统由室内 CO_2 浓度监测装置控制自动运行，完全满足被动式低能耗建筑的室内环境要求。具体室内温、湿度监测见表6-5。

表 6-5　中德被动式低能耗建筑示范房室内环境监测

		冬季	过渡季	夏季
室内温度（℃）	南向房间	21～24	18～24	25～26
	北向房间	20～22	18～22	24～26
相对湿度（%）	南向房间	40%～50%	35%～60%	45%～55%
	北向房间	40%～50%	35%～60%	45%～55%
围护结构内表面与室内空气温差（℃）	南向房间	0.2～2	—	—
	北向房间	0.8～2.6	—	—

该项目于2015年4月正式投入使用。具体能耗数据见表6-6。

表 6-6　中德被动式低能耗建筑示范房能耗监测数据

时间	制冷耗电（kWh）	采暖耗电（kWh）	新风机组耗电（kWh）	照明插座耗电（kWh）	其他耗电（kWh）	总计耗电（kWh）
2015.5	433.5	0	0	12352.9	1215.6	14002
2015.6	21852.1	0	0	14260	1291.9	37404
2015.7	20107	0	11224.9	26509.2	1487.6	59328.7
2015.8	23507.6	0	11270.8	18840	1537.2	55155.6
2015.9	5866.5	0	11371.2	19285.52	1854.5	38377.72
2015.10	0	0	9717.6	16058.58	1719.5	27495.68
2015.11	0	12868.8	9058.6	14850.3	1802.4	38580.1
2015.12	0	31216.4	7918.6	14866.9	2475.8	56477.7
2016.1	0	31179.9	7085.6	14433.4	2613.3	55312.2
2016.2	0	16370.5	3036.7	8039.9	1825.7	29272.8
2016.3	0	2611.9	563.1	14056.2	1867.8	19099
合计	71766.7	94247.5	71247.1	173552.9	19691.3	430505.5
一次能耗（kWh/m^2）	17.41	22.87	17.29	42.12	4.78	104.47

本项目空调面积为12362.3m^2，一次能源总消耗为104.47kWh/(m^2·a)，远小于被动式低能耗建筑能耗限值120kWh/(m^2·a)。其中，2015年6月份为制冷机组、新风机组调试阶段，由于初期螺杆式冷水机组与热泵机组联合运行，建筑冷负荷偏小，导致机组运行效率极低，制冷能耗偏大；经调试，将系统切换，夏季仅采用热泵机组制冷，7月份制冷能耗、新风能耗均为正常监测状态。（6月份新风系统能耗未计入监测平台，但6月仅半月时间为制冷期，其能耗远小于10

月份，故在新风总能耗中不再附加6月份新风能耗）；为保证室内通风换气，置换室内装饰装修及办公用具挥发的污染物，10月份新风机仍保持正常开启。

6.2.4　项目成本效益

由于本项目为公共建筑，各项目的设计要求与基准不同，难以找到普通节能建筑的成本基准，在此仅采用成本增量估算的方式对本工程进行分析，具体见表6-7。

表6-7　增量成本

项目		单平方米增量（元）		成本增量（万元）
建筑成本	建筑	25		36.32
	外保温	102		147.87
	外窗	135		196
	外门	12.6		18.3
	幕墙	41		59.2
	新风系统	20		24.7
	节点做法	10		14.5
		单价（元）	应用数量	成本增量（万元）
太阳能热水系统		—	—	8.6
光伏发电系统		—	—	5.6
可调外遮阳		1200	387m^2	46.5
光导照明		15250	4套	6.1
楼宇自控		—		86.3
能耗监测平台		—		16.6
小计				666.59
不可预见费　3%				20
管理费　2.5%				16.7
合计				703.3

本项目总建筑面积14527.17m^2，被动区域为地上部分，建筑面积12362.3m^2，由于建造被动式超低能耗建筑所增加的成本为703.3万元，按照被动区域计算，平均每平方米增加造价约569元。

该工程为一座超低能耗公共建筑［采暖、通风、空调、办公、照明等年一次能源消耗量不大于120kWh/(m^2·a)］，节能率约为91%，与现有公共建筑相比，年可节约运行电费约 60 万元，年节约标煤约 224t，同时减少 CO_2 排放约 596t。为有效改善公共建筑的热环境，提高暖通空调系统的能源利用效率，从根本上解决公共建筑用能严重浪费的状况等起到了良好的示范作用。对贯彻建筑节能相关政策和法规，促进节能减排工作进一步落实，建设资源节约型、环境友好型社会具有巨大的推动作用。

6.2.5 项目分析及评价

河北省建筑科技研发中心“中德被动式低能耗建筑示范工程”项目设计方案先进、节能理念突出，施工质量管控严格，节点处理符合设计要求，达到了被动式低能耗建筑的各项指标。该项目作为国内首个中德合作被动式低能耗大型公共建筑，为被动式低能耗建筑的探索和发展取得了宝贵的经验和成果，为被动式低能耗建筑技术在河北乃至全国的大力推广奠定了理论和实践基础，起到了良好的示范作用。

第7章　超低能耗绿色建筑发展趋势

超低能耗绿色建筑技术发展是中德合作的重要成果，是中国未来建筑发展的方向。超低能耗绿色建筑通过因地制宜地采用高性能保温隔热非透明围护结构，高保温气密性外门外窗，无热桥、高气密性、高效热回收新风系统，充分利用可再生能源等技术手段，实现大幅降低建筑能耗。

作为适应中国特色的超低能耗绿色建筑，不仅需要学习德国被动式建筑的基础理念和必要手段，更要结合中国国情以及国内先进的建筑节能技术，打造出达到世界领先水平的建筑理念、设计方案、认证标准、能耗指标、后期保障等一系列成熟且完备的体系。本章主要围绕超低能耗绿色建筑在未来发展中可能需要逐渐实施（构建能耗运行管理平台）及合理结合相关技术（包括BIM技术、装配式建造方式）的建筑节能技术进行阐述。

7.1　构建能耗运行管理平台

7.1.1　能耗运行管理平台发展现状

能耗运行管理平台是指通过对建筑安装能耗计量装置，采用本地或远程传输等手段采集能耗数据，实现能耗数据的在线监测和动态分析决策功能的硬件系统和软件系统的统称，是更为广义的能耗监测系统。

近几年来，信息技术在建筑领域中的应用不仅给人们的生活、工作和学习带来了极大的方便和安全，而且已发展成为提高建筑能源利用效率、降低建筑环境荷载、提升建筑功能的重要技术手段。基于信息技术的高速发展，我们可以建立起全国联网的超低能耗绿色建筑能耗监测平台，对全国超低能耗绿色建筑能耗进行实时监测，并通过能耗统计、能源审计、能效公示、用能定额和超定额加价等制度，促使超低能耗绿色建筑提高节能运行管理水平，培育建筑节能服务市场，为推动我国超低能耗绿色建筑的进一步发展，打下坚实的基础。

1. 建筑能耗运行管理平台的主要工作内容

1）能耗监测。对超低能耗绿色建筑安装分项计量装置，通过远程传输等手段及时采集分析能耗数据，实现对超低能耗绿色建筑能耗的实时动态监测；能耗统计、能源审计等基本信息实现全国联网，方便进行汇总分析。

2）能耗统计。对超低能耗绿色建筑的基本情况、能源消耗（电、水、燃气、热量）分季度、年度的调查统计与分析。

3）能源审计。根据能耗统计结果，选取各类型建筑中的部分高能耗建筑，或部分低能耗建筑进行能源审计，分析结果及成因，为超低能耗绿色建筑发展总结经验。

4）能效公示。在政府或其指定的官方网站以及本地主流媒体对能耗统计结果和能源审计结果进行公示。

5）制度建设。制订本辖区能效公示办法；制订本辖区能耗调查与能源审计管理办法；建立和完善节能运行管理制度及操作规程；研究能耗定额标准与用能系统运行标准，逐步建立超定额加价制度；研究探索市场化推进超低能耗绿色建筑节能的机制。

2. 国内外建筑能耗运行管理平台建设现状

1）国外发展现状

美国是世界上建筑能耗数据和信息最好的国家之一。其国家标准局负责了美国的建筑能耗统计。美国环境保护署在美国进行了四年的大规模建筑能耗调查和监测。经过多年积累，已经获得了全国大量详细的建筑能耗数据。为了解建筑能耗特点和开展必要性的节能工作提供了很重要的真实数据。2002 年美国阿波罗计划提出了一项关于非民用办公及通信设备的年能耗监测的研究，该项技术的研究受美国能源部的委托，主要对各类设备的年电能消耗进行估计，以协助能耗监测项目的部署及标准的制定。

1976 年，英国第一个开始统计包括建筑类别在内的建筑物的详细能耗和分类能耗。英国的商业、企业和管理改革部根据各个公共建筑的不同功能将建筑能耗区分为十个类别，对于每种类型的建筑，根据使用的确切要求将建筑能耗划分成八个能耗项目，并分别给出了每个能耗项目的电力、固体燃料、燃料油和天然气的能耗值，进而获得了大批真实的建筑能耗数据，为英国相关部门在建筑节能等方面的工作提供了参考依据。

2001年立陶宛能源协会的系统控制与自动化实验室设计了工业及建筑物能耗监测系统EMS（Energy Monitoring System），此系统具有开放及灵活的架构，可以加入很多新的系统，比如水量、热量监测及其他测量设备。其主要思想是由传感器采集各种能耗数据（包括电、水、热及温度等）传到数据采集器（单片机系统），经由总线（M-bus，RS-48_ S，Currentloop等）与数据采集计算机（内部有多路复用开关）相通信，再由数据处理软件对各种能耗数据进行分析处理。

国外高校也纷纷投资研究能耗监测系统，以解决学校能耗过高的问题和挖掘出巨大节能潜力。美国的北卡罗来纳大学提出了降低学生宿舍能耗的解决方案，这个方案是设计出一个放置在宿舍大厅中的数字显示系统。该系统可以实时显示所采集到的学生宿舍中用电的能耗数据。东京大学和帝国理工学院合作的建筑能耗监控系统是一个基于网络的开放式分布式系统。该系统通过可编程控制器采集原始数据，经计算机处理后保存到服务器，并发布到网络上。

2）国内发展现状

我国对建筑能耗的统计工作起步相对比较晚，从20世纪90年代开始，我国才着手进行能耗监测系统建设，先后颁布了一些行政法规，成立了一些专门机构负责能耗监测和管理。

2004年10月，江亿院士等人向北京市人民政府提出了建议，在大型公共建筑节能工作中，应努力增进能耗分项计量的相关工作，展现出大型公共建筑能耗的不合理问题，明确出节能的潜力。2005年11月，清华能效研究中心提出了建立大型政府办公建筑能耗分项计量系统，作为提升政府机构建筑能效的基础。2006年1月，北京节能环保中心和清华大学建筑节能研究中心在对北京市10个试点政府机构的节能诊断结果进行分析和整理后，向北京市政府提交了综合报告，报告中建议对北京市政府机构的办公楼实行逐项能耗计量。

2007年7月，清华大学建筑节能研究中心在10座大型公共建筑中建立了实时能耗分项计量分析系统，实现了分项计量数据的稳定、连续的采集、传输、储存和分析。同一年，深圳、天津和北京被要求建立能耗检测平台并被列入了大型公共建筑节能监管体系示范城市。到 2009 年，深圳完成了对 50 栋建筑的动态监测和数据中心建设；北京完成了 107 栋建筑；天津完成了 96 栋建筑。

目前，深圳、北京、天津已顺利完成了动态能耗监测平台，并通过了国家验收。在这种形势下，各公司陆续推出了各种用于能耗监测的软硬件产品，其中数据采集器种类也比较多。

7.1.2 能耗运行管理系统构成

1. 基于物联网技术的能耗运行管理平台

互联网无疑在人类社会发展历程中已经起到了至关重要的作用，但是它对现实世界物体的实时信息获取和监控能力有限，物联网是解决这一问题的有效办法。狭义上讲，物联网是在互联网的基础之上，通过射频识别、全球定位系统、激光扫描器等信息传感设备，按约定协议把客观世界中的物品（需要感知的物理参数）与互联网连接起来进行信息交换，以实现对物体的智能识别、定位跟踪、监控和管理的一种网络。

广义上讲，物联网是通过有线和无线通信方式，以物质世界的数据采集、信息处理和反馈应用为主要任务，以网络为信息传递载体，实现人与物、物与物之间信息交互、提供信息服务的智能网络信息系统。如图 7-1 所示，多数文献认为物联网包含感知层、网络层和应用层。感知层用于实现物品的信息采集、对象识

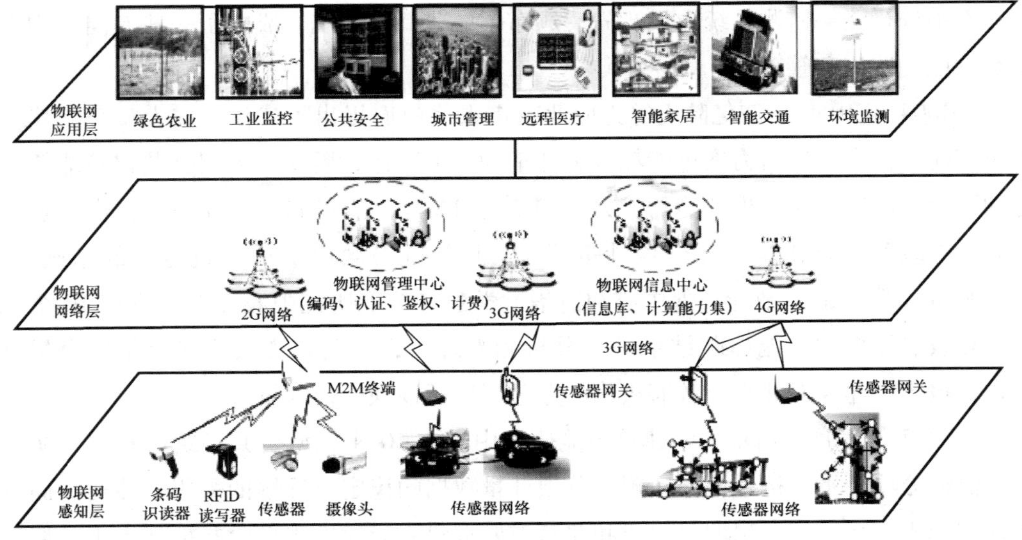

图 7-1 物联网架构图

别，其关键技术包括传感器、无线射频、短距离无线通信等。网络层用于物质信息的传输，主要依赖于互联网和电信网，有多种设备需要接入物联网，因此物联网是异构的。应用层实现信息的存储、加工、数据挖掘，提供反馈信息服务于物体，物联网的智能化中心，该层涉及海量信息的智能处理、分布式计算等技术。

随着我国建筑节能减排工作的推进和发展，将物联网的概念、标准和技术引入建筑节能减排领域，研究建筑能源系统物联网被提上日程。建筑的水、电、气、热、煤、油等能源供应系统及其在建筑本体内的输配和消耗系统统称为建筑能源系统，其高效节能运行与低碳排放是当前建筑节能领域新的热点和新的发展方向。建筑能源系统物联网（Internet of Building Energy System，IBES）是指基于对建筑能源系统中各类物理量的在线感知，通过异构网络融合、信息汇聚、决策诊断和反馈控制，实现对建筑能源系统监测、控制与管理的物联网。

建筑能源系统物联网的架构体系如图 7-2 所示，采用分层结构形式。共包含 6 层，分别为：感知控制层、网络传输层、信息汇聚层、数据加工层、诊断决策

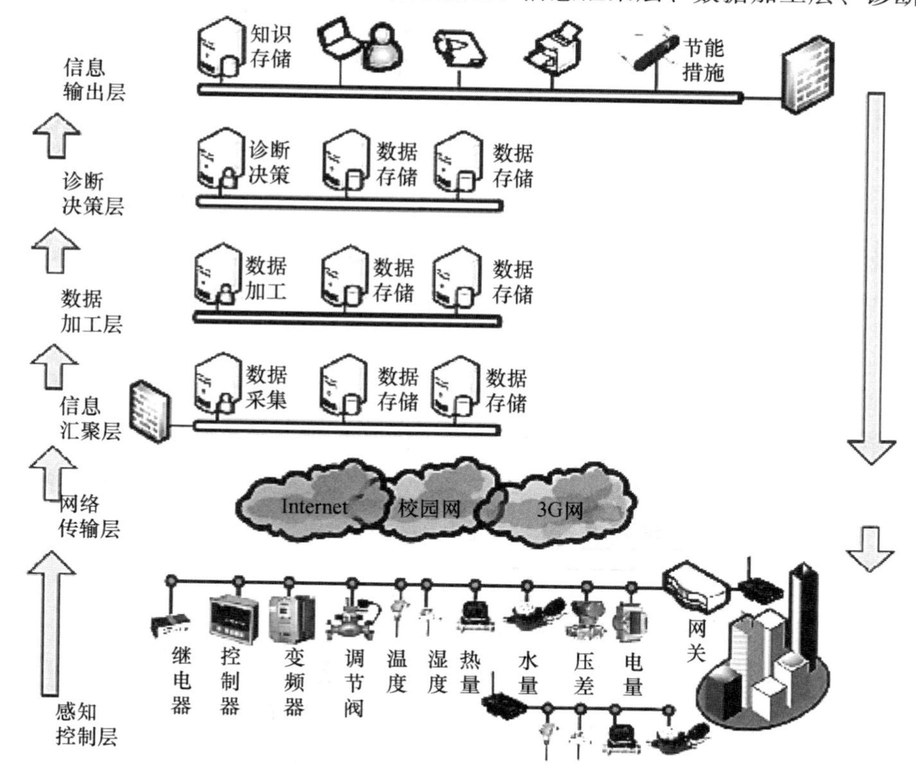

图 7-2　建筑能源系统物联网架构图

层和信息输出层。建筑能源系统物联网的架构体系中各层之间相互独立，任一层并不知道它的相邻层是如何实现的，层之间仅通过层接口提供信息互通。由于每一层只实现单一且独立的功能，因此可将复杂的问题分解成若干个容易处理的子问题，降低问题的复杂度。当架构体系中任何一层发生变化时（例如某个细节功能的实现技术发生变化），只要层间接口的关系保持不变，则架构体系的整体功能不受影响。架构体系的结构既松散又紧密联系，由于系统工作量大，难以采用单一的某种技术手段实现架构体系的所有功能，各层都可以采用最合适的技术来实现。建筑能源系统物联网的研究重点在感知控制层、信息汇聚层和诊断决策层。

1）感知控制层位于建筑能源系统现场，为所有现场耗能设备编码，通过低功耗有线和无线技术感知建筑能源子系统的各种基本物理参数。物联网的本质是信息的处理与控制，因此开发具有控制功能的现场智能网关就格外重要。本文主要侧重于研究建筑能源系统参数的感知，因此简称感知层。

2）网络传输层由于现场条件千差万别，建筑能源系统物联网的监测数据不仅可通过 Internet 网络传输，将来也可通过电信网络和广播电视网络传输。多网融合技术可解决此问题。

3）信息汇聚层多种监测数据（比如三相电流、三相电压、有功功率和电能消耗量等）被收集到信息汇聚层的数据库，考虑到数据采集和保存的频率较高，信息汇聚层必须解决海量监测数据的传输和保存的理论问题。

4）数据加工层对原始数据进行初步处理，为其上层的诊断决策作数据准备工作。

5）诊断决策层负责建筑能源系统物联网数据库的海量数据挖掘工作和建筑能源子系统的控制理论与方法，包括建筑暖通空调系统、建筑其他系统等。

6）信息输出层研究建筑能源系统的能效评价和节能评价指标体系，将理论决策转换成切实可行的节能措施。信息输出服务器公布节能方法通知相关人员采取改进措施。

2. 建筑能耗监测系统

1）硬件子系统建筑能耗监测系统硬件拓扑结构如图 7-3 所示。在建筑内部，需安装用于监测用电、热量、冷量、流量、用水等参数的建筑能耗数据采集仪表，建筑用户层的模块连接存在多种形式。

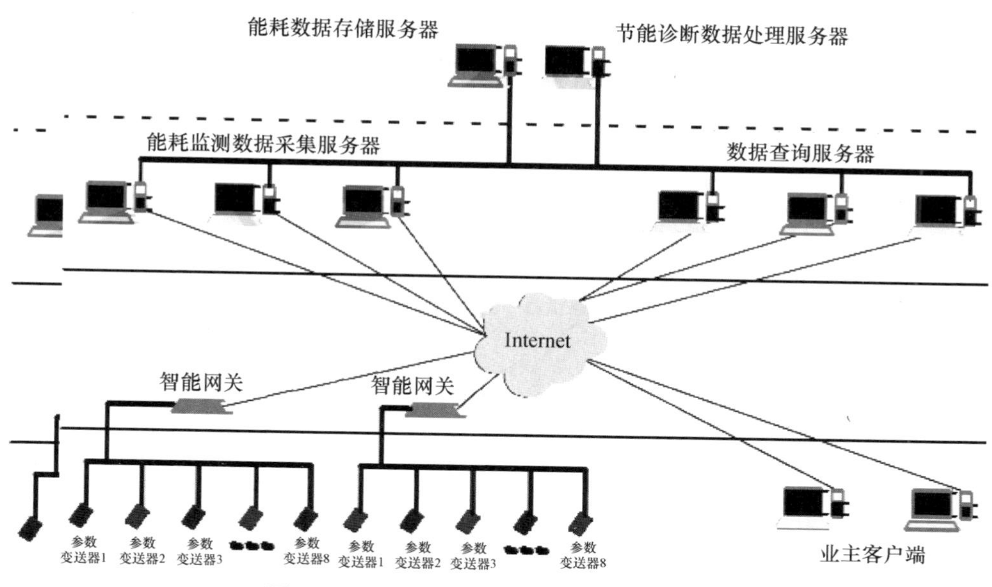

图7-3　建筑能耗监测系统硬件拓扑结构图

（1）有线连接方式：新建超低能耗绿色建筑中，配电比较集中、施工时不受建筑用户影响，可选购的仪表种类较多，目前多数数据采集仪表配套RS485接口，具有价格竞争优势，可采用如图7-4所示的RS485有线连接方式。

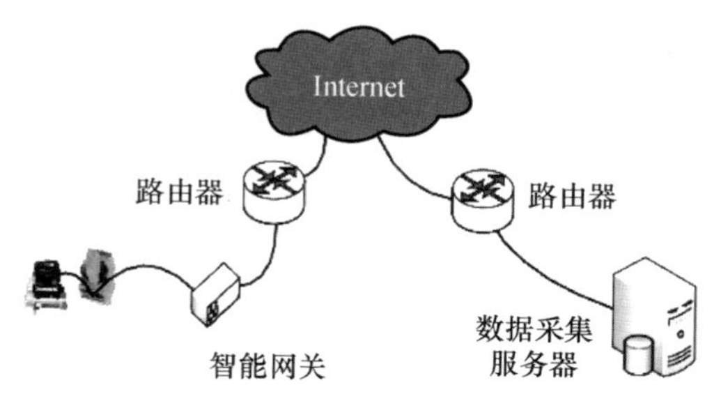

图7-4　仪表有线连接方式

（2）无线连接方式：既有超低能耗绿色改造建筑中，存在分散的用能点，有线方式安装可能影响建筑用户正常使用，可采用如图7-5所示的施工方便的无线方式，其缺点在于仪表设备费用高。例如ZigBee无线通信方式，需要所有监测仪表均支持ZigBee无线接口，配套的智能网关也采用ZigBee接口与其连接。图7-6为ZigBee网络结构图，包括ZigBee终端、中继器和网络协调器。试验证明使用 ZigBee 实现无线数据采集技术切实可行，配电室等强电场环境对 ZigBee 无线传输影响不大；ZigBee 对障碍物的穿透能力比较弱，可通过增加节点发射功率和增加中继节点的方法来解决。

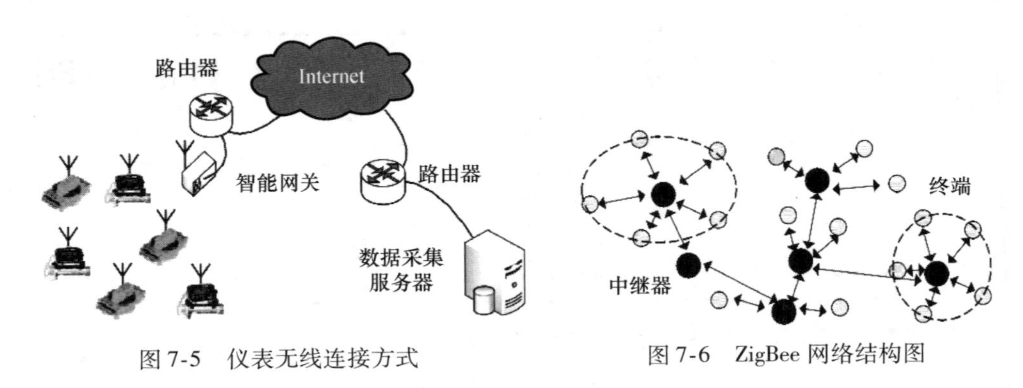

图 7-5　仪表无线连接方式　　　　图 7-6　ZigBee 网络结构图

（3）有线和无线结合方式：有线方式和无线方式各有优缺点，有时单纯采用某一种形式不能适应当前情况。如某建筑有集中配电室，而制冷机房相距较远，建筑业主明确要求不能敷设明线影响建筑外观，若全部仪表均采用无线方式则项目成本骤然增加，此时可采用如图 7-7 所示的有线和无线结合方式。此种方式中，无线传输模块起到透明传输作用，对智能网关上通信程序无影响。

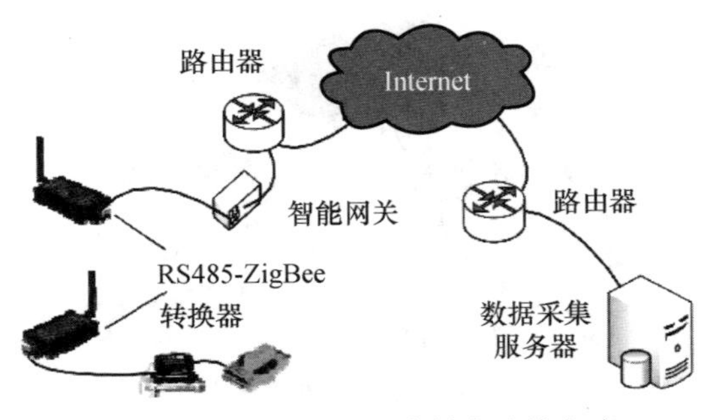

图 7-7　仪表有线和无线结合连接方式

（4）采集和传输能耗数据主要设备是智能网关，是能耗监测子系统与信息中心层的数据采集服务器连接的通信接口。根据数据采集方式可分为总线式透明传输型、总线式中转采集型和星形中转采集型。

① 总线式透明传输型。此类智能网关承担传输协议的转换工作但不承担数

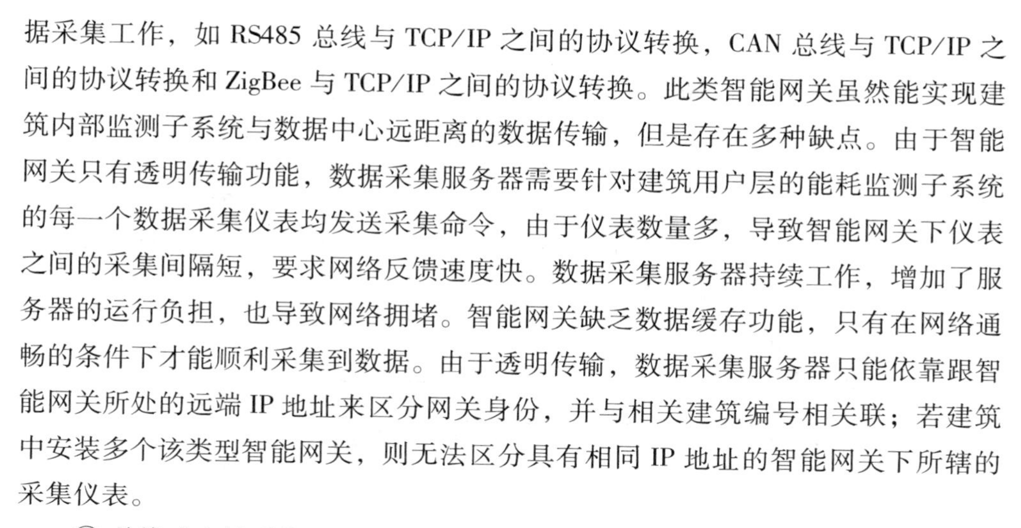

据采集工作，如RS485总线与TCP/IP之间的协议转换，CAN总线与TCP/IP之间的协议转换和ZigBee与TCP/IP之间的协议转换。此类智能网关虽然能实现建筑内部监测子系统与数据中心远距离的数据传输，但是存在多种缺点。由于智能网关只有透明传输功能，数据采集服务器需要针对建筑用户层的能耗监测子系统的每一个数据采集仪表均发送采集命令，由于仪表数量多，导致智能网关下仪表之间的采集间隔短，要求网络反馈速度快。数据采集服务器持续工作，增加了服务器的运行负担，也导致网络拥堵。智能网关缺乏数据缓存功能，只有在网络通畅的条件下才能顺利采集到数据。由于透明传输，数据采集服务器只能依靠跟智能网关所处的远端IP地址来区分网关身份，并与相关建筑编号相关联；若建筑中安装多个该类型智能网关，则无法区分具有相同IP地址的智能网关下所辖的采集仪表。

② 总线式中转采集型。此类智能网关自身具备数据采集的功能，先对所辖的数据采集仪表发送命令并解析数据存储为数据包，再经过Internet网络传输到数据中心的数据采集服务器。该类智能网关具备数据缓存功能，故能支持断点续传，避免了数据遗漏的现象。

③ 星形中转采集型。此类智能网关与数据采集仪表采用星形连接方式，具备中转采集型网关的优点，但每个网关只能连接8个采集仪表，增加了建筑能耗监测子系统在智能网关的投资。网络层要实现数据远传，除经Internet网络外，还可采用GPRS无线网络形式监测系统的数据中心安装多台服务器，分别用于实现能耗监测数据采集、数据存储、诊断处理、信息展示功能。为保证能在公网中访问数据中心的多台服务器，要求该中心配备固定IP地址，使用端口映射技术将提供对外服务的能耗监测服务器和信息展示服务器暴露在公网上。

2）软件子系统建筑能耗监测系统的软件子系统包括数据库和多个软件，其软件拓扑结构如图7-8所示。数据库为能耗监测数据存储服务器，软件分别为能耗监测数据采集服务器程序、数据处理程序、数据查询服务器程序和客户端用于信息展示的查询分析程序。

能耗监测数据采集服务器通过安装在建筑能源系统中的电量表、热量表、冷量水、水表和燃气表等数据采集仪表采集各用电回路的耗电量、用电设备的耗电量、建筑用市政热水和蒸汽量、耗水量和燃气量等能耗信息。数据处理程序首先处理采集上来的大量能耗原始数据，并诊断分析为节能改造提供技术保证。科研人员和建

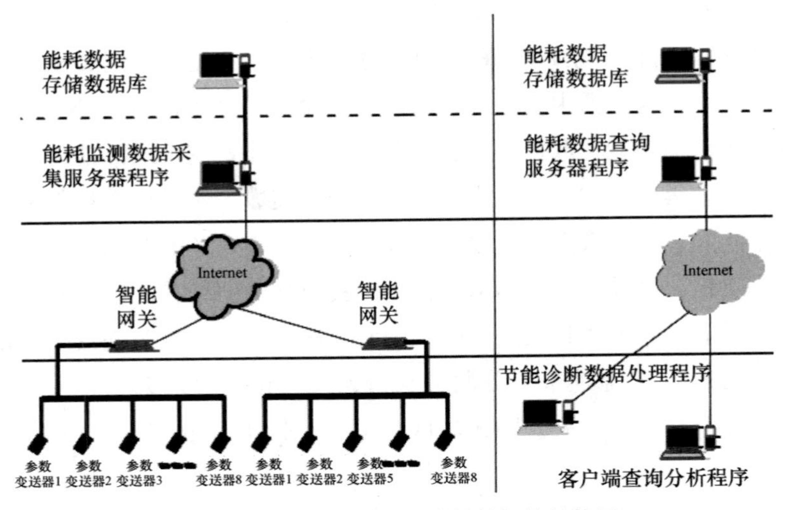

图 7-8　建筑能耗监测系统软件拓扑结构图

筑业主能够通过信息展示查询分析程序查询最新的能耗数据和数据分析结果。

7.1.3　能耗运行管理平台的应用对超低能耗绿色建筑的意义

建筑节能的最终目标是实现建筑实际消耗能源数量的降低，应以实际的能源消耗数据为前提评价建筑节能工作。实际运行能耗应该是评价建筑节能的唯一标准。为合理评价建筑运行模式和设备系统用能情况，应掌握建筑实时能耗状况，采取对应的节能措施。传统的人工按月抄表方式费时、费力，准确性和及时性得不到可靠的保障，缺少足够详细和准确的数据；无法反映建筑的逐时或一天内能耗变化的实际情况，无法进行更深层次的分析和决策，只有制定分项计量的划分原则，确定横向和纵向比较的判别指标，才能进一步制定用能定额管理方式，最终构建科学用能管理体系，将国家建筑节能运行管理制度落到实处，实现节能降耗的目标。

1. 从目前发展的意义来看

对于目前而言，能耗运行管理平台实现初期的对单栋建筑或者局部建筑群体的分项能耗监测阶段即可。目前无论是绿色建筑国家标准《绿色建筑评价标准》（GB/T 50378—2019），亦或《近零能耗建筑技术标准》（GB/T 51350—2019），都对建筑运行评价提出了严格的要求，而运行评价要求中建筑分项能耗监测值又是重中之重。

绿色建筑的发展是一个不断深入的过程，以往人们关注设计和施工阶段的绿色评价是必然的，而如今关注绿色建筑的运行和后评估也是必须的，体现了不同阶段不同的重点。事实上，《绿色建筑评价标准》的 2014 年修订版中已经突出了运行标准，在新版中将评价划分为预评价和评价两个阶段，将评价方法调整为对评价指标评分并以总得分确定等级。不仅《绿色建筑评价标准》包含关于运行评价方面的内容，有关部门还出台过专门文件，如 2009 年《绿色建筑评价技术细则补充说明》（运行使用部分）。特别是 2016 年 12 月住房城乡建设部批准的《绿色建筑运行维护技术规范》（JGJ/T 391—2016）自 2017 年 6 月 1 日起实施。行业专家认为，《绿色建筑运行维护技术规范》（JGJ/T 391—2016）符合我国国情，首次构建了绿色建筑综合效能调适体系，规定了绿色建筑运行维护的关键技术和实现策略，建立了绿色建筑运行管理评价指标体系，有利于优化建筑的运行，有效提升了绿色建筑的运行管理水平。这些显示出住房城乡建设部在发展绿色建筑方面所具有的前瞻性和对评价体系不断完善的努力。

绿色建筑的绿色程度关键要看运行效果，建筑能耗监测是推动绿色建筑获得落实的重要环节。绿色建筑的大量增加，要求建筑能耗监测的动力也在增强，可以说，是绿色建筑发展的客观环境在呼吁后评估的出现，而近年建筑能耗监测所受到的高度关注，表明绿色建筑后评估正在起步，其广泛的实行也不是遥远的事情。至于具体的推进思路，应该已经纳入各方的思考范围。

2. 从未来发展来看

从未来中国的发展来看，我国必将从发展中国家迈入发达国家。我国的主要矛盾已经从人民日益增长的物质文化需求同落后的社会生产力之间的矛盾转化为人民日益增长的美好生活需要和不平衡不充分的发展之间的矛盾。作为建筑行业必须也要积极转变，积极努力解决国家的主要矛盾。随着人民对美好生活需求的提高，为了提高建筑的舒适性，必要的能耗投入是必须的，而这又与我国建筑节能产生矛盾。所以建设与发展超低能耗绿色建筑就显得尤为重要。但是目前超低能耗绿色建筑的节能改观及问题总结依然无法单纯从设计、施工来总结与优化，因此建立起基于物联网平台的广义建筑能耗监测就显得意义重大。

从建筑能耗监测平台所具有的网络特性和信息处理特性来看，其具有明显的感知设备、感知室内环境、感知电力系统和感知建筑的特点，具有明显的网络融合、信息汇聚、海量数据处理和数据挖掘的特性，是应用于建筑的物联网雏形。

但从物联网的角度，目前的建筑能耗监测与控制平台还存在以下诸多需要进一步研究开发的问题。

1）从感知对象的角度，目前的建筑能耗监测系统主要是针对建筑机电设备系统的监测和感知，这仅从工程的层面满足了建筑能耗监测系统的建设要求，但是从建筑节能和建筑能效数据挖掘的角度，建筑能源系统物联网感知层传感器优化配置的理论依据是值得进一步研究的基础问题。

2）从建筑能耗和能效监测系统误差（精度）控制要求的角度，如何有效地保证建筑能源系统监测和控制结果的精度，如何确定监测控制系统的感知层的传感器精度，是建筑能源系统物联网必须解决的又一关键问题。

3）从网络架构的角度，目前的建筑能耗监测系统仅实现了建筑能耗数据的采集，实现了能耗数据信息向数据中心的单向流动。建筑能源系统需要实现反馈控制的双向数据流动，要求研究开发适于建筑节能要求的网络架构模式，要求研究开发该网络架构模式的软硬件技术实现方法。

4）建筑、建筑群，特别是面向全国范围内的建筑能耗和能效数据显然具有海量数据的特征，必然涉及海量数据的信息汇聚、分析、存储、数据挖掘等关键理论和技术问题，该类问题直接关系到建筑能耗监测系统或者建筑能源物联网系统建成后的功效和进一步开发利用问题。

5）尽管目前我国已经给出建筑能耗监测系统技术实施导则，但是仍然缺乏实用化的建筑能源系统物联网设计、施工、调试等工程技术标准或规范性做法，该问题是建筑能源系统物联网理论架构和方法付诸实施的关键。

综上，需要建立全国联网的建筑能耗监测平台，准确给出机关办公建筑和大型公共建筑，甚至包括住宅建筑等民用建筑消耗终端能源的具体数据，掌握超低能耗绿色建筑能耗的具体特点，包括用能发展变化特点、用能种类特点、用能分项特点、气候环境对建筑能耗的影响和建筑功能对建筑能耗影响等。

7.2 采用 BIM 技术

7.2.1 BIM 技术发展现状

BIM 的简称是建筑信息模型（Building Information Modeling），以三维数字化

信息模型为基础，可以集成建筑项目的各种相关信息的工程数据模型。在建筑工程项目的全寿命周期中，通过BIM建模，可以把不同阶段的工程信息、资源管理、施工过程数据等资源存储在统一的系统平台上，促进工程设计和施工协调配合。其作为一种全新的理念和技术正受到建筑行业人士和国内外学者的普遍关注。

1. BIM技术简介

BIM是近几年来在中国建筑行业里逐渐发展起来的一种先进技术，它通过BIM软件工具之间的相互结合，实现了工程信息资源的集成和整合。通过建筑信息模型进行数据交流，可以有效提高建筑工程项目全生命周期的管理效率，使设计方案、施工方案得以优化，使工程成本能够降低。BIM技术的使用，使建设单位、设计单位、施工单位等工程项目参建各方的工作管理更加合理化、科学化。BIM技术的不断发展，推动着建筑行业的不断发展。最新的BIMSD技术，实现了5个维度的紧密结合，使时间、空间、资金等因素在5D平台上有效集成，更加有利于工程建设各参建方对建设目标的宏观把控。

我们在建筑设计中利用BIM技术，可以把建筑功能系统、维护系统、设备系统有机结合起来，综合考量建筑的结构、空间划分和功能模块，优化建筑资源配置，从而实现建筑的绿色、环保节能设计目标。在施工管理中利用BIM技术，可以在过程中不断进行施工检查、优化资源配置和完成方案，实现工程项目管理的专业化及科学化。总之，随着中国BIM技术的不断发展，让建筑工程管理变得更加精细化，是一种建筑工程技术的创新和创造，能有效促进建筑行业的资源节约，绿色健康可持续发展。

2. 国内外BIM技术概况

BIM技术最早起源于美国，其中美国BIM标准NBIMS是全世界范围内较为先进的BIM国家标准，为使用者提供BIM过程适用标准化途径，整合项目全周期的各个参与方，依据统一的标准，签订项目需要的所有合同，合理共享项目风险，实质上是实现了经济利益的再分配。

美国采用BIM的项目数量增长迅速，据统计，截至2013年8月，美国1/3企业BIM技术的使用率已达到60%以上，而由美国政府负责建设的项目中，BIM使用率已达到100%。根据McGraw-Hill Construction公司发布的《北美BIM商业价值评估报告（2007—2012）》中的数据：整个北美建筑行业BIM技术的应用迅速普及，其普及率由2007的28%迅速攀升到2012年的71%。

在很多欧洲发达国家，比如英国在美国的标准基础上针对自己国家的特点做了修改，可操作性较强，在实际工程中的应用较多，经验也比较丰富。根据2014年2月英国建设行业网发表的调查报告显示，截至2014年1月，在英国的AEC企业，BIM的使用率增幅显著已达到57%。伦敦是众多全球领先的设计公司的总部，因此造就了英国各大公司在BIM技术实施方面的发展非常迅速，技术也非常领先，从而成为英国政府强制使用BIM技术非常强有力的后盾。同时，其他欧洲国家例如德国、挪威、芬兰等国家也制定了相关的标准和应用指南。BIM很好地解决了许多项目建设过程中所存在的大量高难度和高要求的问题，使得工程项目能够顺利进行。

日本在较早时期就提出信息化的概念，并且日本政府加大对于建筑信息化管理的要求，一定程度上加速了日本建筑行业科技创新的步伐。2012年，日本建筑学会JIA（Japanese Institute Architects）发布了从设计师角度出发的BIM规定，明确了人员职责以及组织机构的要求，为减少浪费，提高工程效率质量，将原来的设计流程调整为四阶段设计。

我国对于BIM技术的研究起步较晚，但近几年来掀起了对BIM技术的热潮。上海迪士尼有70%的建筑依靠BIM进行电脑设计、文件编制和分析，通过在整套系列项目中应用BIM，设计和施工时间相近的项目之间形成了一定的协同作用。据《中国BIM应用价值研究报告（2015）》指出，上海有32%的项目中应用BIM技术，领先于全国各地，华北地区（28%）和华南地区（26%）紧随其后；北京地区有20%的项目采用了BIM技术，预测在未来几年将出现应用率的迅速提高。

7.2.2 基于BIM技术超低能耗绿色建筑优势

在超低能耗绿色建筑建设的生命周期中，合理利用BIM技术，存在着大量的优势。由于BIM注重建筑全生命期的概念，因此能够将项目从开始到完工阶段所有相关信息传输到BIM模型中，以保证建筑模型中建筑信息的完整性，同时还能够保证其准确性。相比普通建筑，超低能耗绿色建筑有着更加复杂、精细的设计，严谨、细致的施工过程。因此，在建筑中存在的信息繁杂以及传递率低等问题，通过BIM技术都能够得到有效的解决。BIM模型中包含着建筑的设计信息、施工过程中使用的材料品种规格、属性以及材料设备厂家等所有信息。为了使业主更加全面地了解工程建设中的各类信息，BIM 能够将完整无误的信息传递到工程运营阶段，从而进行科学节能的运营管理。

1. BIM 技术在超低能耗绿色建筑设计阶段的优势

1）人员协同设计

超低能耗绿色建筑涉及很多学科，如人文社科学、生态学、建筑学、能源学、土地规划学、材料学、设备工程学等，设计过程也贯穿了工程项目的多个阶段，因此，在超低能耗绿色建筑设计过程中，需要业主、建筑设计师、结构师、给排水工程师、暖通工程师、电气工程师、管网设计师以及各材料提供商等参与人员的积极配合以及协调沟通，从而使项目各部门人员在项目中能够坚持统一的绿色可持续理念，注重建筑物内外系统间的关系。

通过使用 BIM 软件，能够随时对项目设计方案的更改进行跟踪，提高各部门在项目全过程中的参与度，并且能够关注到各个专业之间的相互联系，例如，在超低能耗绿色建筑中安装新型节能门窗，相比于常规的门窗，这种门窗具有更加优越的保温性、气密性，但安装方式却与传统建筑有很大出入，那么在安装这种门窗的过程中，就需要门窗厂商提前参与到设计过程中来，与此同时也需要外墙保温厂商与施工人员提前介入，协调设计方案的合理性及可行性。利用 BIM 技术协同设计的优势，能够很好地增强各参与方对超低能耗绿色建筑的了解，从而解决建设项目咨询团队和设计师、结构师等各参与人员之间沟通的问题，同时，使得工程建设项目各参与方能够随时地跟进了解项目，从而建造出更好的超低能耗绿色建筑。

2）建筑性能分析对比

以往，要想进行超低能耗绿色建筑的性能分析模拟，需要使用相关的性能分析软件，而这些软件只能由专业人员进行操作，并且软件中所有的数据都必须进行手工输入，工作量巨大。由于各地方标准及发展差异，导致目前各地性能分析软件参差不齐。而且使用多种不同的性能分析软件，由于数据信息不能共享，就需要进行再次建模来分析数据；当设计发生变更时，需要进行数据的重新录入比对以及重新建立模型，出现大量重复劳动，耗费人力物力，正是由于这些原因，在传统的模式下，超低能耗绿色建筑设计阶段的性能模拟大多良莠不齐，没有把建筑的节能潜力完全开发出来。

然而，在BIM技术的协助下，这个难题便能够迎刃而解。这是因为在建筑师的设计过程中，所有的设计信息都已经包含在BIM模型中，包括了建筑的几何信息、材料性能、构建属性等。因此，在性能模拟时无须重新建立模型，只需要将BIM软件转换格式到性能分析所需要用的数据格式上，就能很快地得到想要的性能分析结果，减少建筑性能分析对比所耗费的时间。

此外，运用BIM技术对建筑场地的环境气候等进行分析模拟，能够让建筑师在场地设计时更加理性和科学，从而能够设计出可持续的超低能耗绿色建筑，能够与周围的环境和谐共生。在对多个方案进行比对时，通过BIM软件建立体量模型，进而对不同建筑体量进行能耗的模拟，对建筑场地风环境、声环境、日照、人流量等性能进行模拟分析，最终确定最优方案；在初步设计阶段，再次利用性能模拟来深化最优方案，从而能够实现超低能耗绿色建筑的设计目的。

2. BIM在超低能耗绿色建筑施工阶段的优势

1）施工模拟以及可视化

在超低能耗绿色建筑建设项目施工阶段，各类复杂的施工流程相互交叉，仅仅通过专业技术人员对施工员进行抽象表述及样板间的现场指导，很难让施工员学会举一反三、熟练掌握。但是如果通过BIM技术，进行施工模拟，就可以在可视化的条件下，检测各部门的工作间是否存在冲突摩擦以及重合，能够更加方便快捷地看到下一道工序按原定计划进行可能会造成的过错，以及因为这些过错而导致的损失或者延期。还能够通过BIM对施工现场布置、人员配置等进行优化，从可视化的角度对工程项目施工过程进行指导。

2）碰撞检查

通过BIM软件，能够提前对参建各专业的信息模型进行碰撞检查，包括安装各专业之间及安装工程和结构工程之间。对查找出的碰撞点的施工过程进行模拟，在三维模式下观看施工过程，从而使得技术人员能够更加便捷直观地了解碰撞产生的具体原因，并制定相应的解决方案。

3）施工进度管理

充分利用BIM的可视化手段，可以将BIM软件中的模型信息和进度计划相关联，对处于关键路线的工程项目施工计划以及施工的过程进行仿真模拟，对非关键路线的重要工作进行提前检查，对有可能会存在的一些影响因素提前做好防范工作。还可以对通过BIM软件模拟之后的信息和当前已完工的工程进行比对，更加及时高效地发现施工过程中存在的错误。合理有效地分配项目施工过程中需要的各类施工设施，合理调度各项资源，以此保证施工现场的进度能够正常推进。

4）节约资源

（1）节约土地资源。在对整个施工场地充分调研之后，在BIM技术的协助下，需要对施工场地进行模拟布置，使得现场施工的便利程度大大增加，提高场地布置的容纳空间，从而能够提高建筑用地的利用效率。

（2）节约水资源。利用BIM技术，对现场各部门以及各种施工设备等的用水量进行仿真模拟，统计设备的正常水资源使用量及其损耗，对施工用水量进行控制。并且对现场各部门以及各种施工设备的用水量进行汇总，在BIM技术的协助下，对施工现场的施工用水以及给排水情况进行技术协调，避免造成水资源的浪费。

（3）节约材料。通过对施工方案的设计深化、碰撞检查以及三维可视交底、虚拟建造、工程量统计等，能够保证在工程施工过程中建筑材料供应量在合理范围之内（限额领料），并且能在使用过程中进行跟踪控制，以此减少由于设计、协调等各方面原因造成的材料浪费或者工程返工等，从而达到节约建材的目标。

（4）节约能源。通过BIM技术，能够对能源进行优化使用。我们在建立3D模型时，设置了许多的能源控制参数，在工程项目实际施工之前，对施工过程中可能会出现的关键功能现象以及物理现象进行数字化探索，从而对参建各部门的能源使用进行优化分析，进而有效降低能源的消耗量。

3. BIM在超低能耗绿色建筑竣工决算阶段的优势

对工程竣工结算相关资料的完整性和准确性的审查是一个庞大的工程。建设工程项目往往有规模大、周期长的特点，因此不可避免地会出现大量的设计变更、现场签证以及相关的法律法规政策的变化问题，这样产生的工程资料十分繁多，更关键的是大多资料是以纸质形式保存，这就直接导致工程竣工资料审核的任务十分艰巨。而且在建筑业相关专业人员的流动性大，在交接过程中容易出现信息混乱、信息流失、信息滞后等，大大降低了工程竣工结算工作实施的效率。

此外工程量的审查通常由于存在缺少高效的工具及方法，存在着审查耗时长、工作量大、效率低下等问题，在核对工程量的过程中，经常因为甲乙双方计算方法上的区别，导致工程量的核对工作进展迟缓，甚至因为主观因素最终导致工程量的失真。单价合同中，针对单价的审查主要以投标报价中的综合单价为基础，同时根据招投标文件、合同中的相应价格条款，对单价在允许变动范围内进行调整，并最终以调整后的单价进入竣工结算。而费用的审查重点是判断取费依据是否符合国家现行法律法规的规定以及相关的费用调整是否符合合同约定。但调整费用的相关政策文件具有很强的时效性，这就需要及时更新掌握全面的相关法律法规以及政策资料。这些都将给工程竣工结算带来很大的麻烦。

在整个工程造价管理的过程中，BIM 模型数据库是不断更新、修改完善的，与模型有关的合同、设计变更、施工管理、材料管理等相关信息也随着相应的变化录入更新，这样到竣工结算阶段时，其信息量已经足以表达竣工工程的整个实体。所以运用 BIM 技术的工程能够极大地缩短结算审查前期准备工作的时间，最终提高结算工程的质量与效率。

4. BIM 在超低能耗绿色建筑后期运营管理的优势

将 BIM 模型与超低能耗绿色建筑中的设备管理系统相结合，能够使结合的 BIM 模型包含各种设备的所有信息，通过 BIM 可以随时三维直观地查看各种设备的状态，方便设备的相关管理人员及时了解设备的相关状况，并依据设备目前的状态预测设备将来可能会出现的问题和故障，在设备尚未发生故障之前就采取相应的措施对设备进行维护，防止故障的出现。基于 BIM 的设备管理，能够实时查询每种设备的各种信息，自助进行相关设备的报修等，还可以对相关设备实施计划性的维护等。

针对超低能耗绿色建筑中能耗运行监测来说，超低能耗绿色建筑具有环境监测点数量大、监测系统布线复杂、监测点分布密集等各种特点，结合 BIM 技术可以建立超低能耗绿色建筑能源管理系统。通过运用网络技术及 BIM 技术的可视化，实现超低能耗绿色建筑能耗的可视化管理，同时系统地分析节能策略，有效降低超低能耗绿色建筑的能耗量。超低能耗绿色建筑的能耗可视化是对各项能耗数据进行采集和传输，并将综合评价结果予以落实，通过多媒体显示的方式将各种能耗呈现给大众。除此之外，也可以通过手机 APP 的形式实时查看相关监测数据。

当前 BIM 技术在发达国家建筑业中有广泛应用，能够使建筑行业生产效率有明显提升。而超低能耗绿色建筑作为我国绿色建筑的先行者，更应将其应用在建筑工程中，来实现对建筑周期过程的补充和细化，促进建筑工程各个阶段的资源

合理配置，为建筑工程行业的可持续发展探索出宝贵的经验。

7.3　采用装配式建造方式

7.3.1　装配式技术发展现状

装配式建筑采用工业化的方式将部分或全部建筑构件等通过工厂生产加工，运输至现场，并通过可靠的连接方式进行机械装配，装配式建筑的实施途径如图 7-9所示。与传统建造方式相比，装配式建筑具有高品质、工期缩短、节能环保以及降低工程造价等优点。

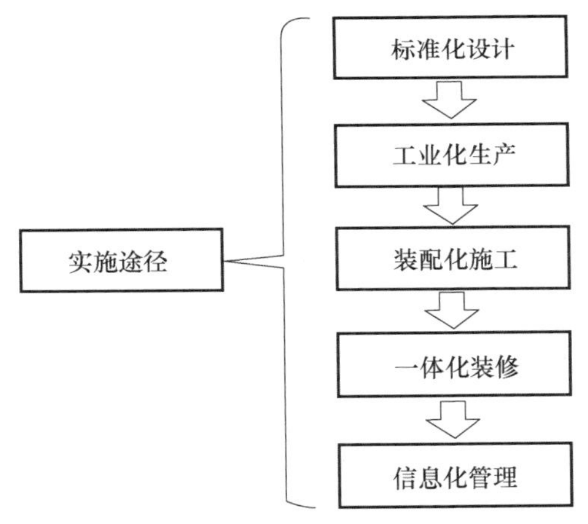

图 7-9　装配式建筑的实施途径图

1. 装配式技术简介

装配式建筑是指将建筑的构件、部品、材料在工厂中预制，再运输到施工现场进行安装，最后通过浆锚或后浇混凝土的方式连接形成的建筑产品。与传统现浇施工方式相比，装配式建筑施工方式具有缩短工期、减少现场劳动力、提高建筑质量等优点。在环境保护越来越重要的今天，传统建筑业的施工方式已经不符合建筑业转型升级的需要，发展装配式建筑将成为建筑业转型升级的必然途径。

2. 装配式技术国内外概况

1）发达国家用工业化方式建造了大量预制装配式建筑产品，装配式建筑体系发展得比较成熟。以下针对具有代表性国家的装配建筑研究现状及发展趋势进行综述，为我国装配式建筑的发展提供参考。

（1）美国

美国的装配式建筑发展不同于其他发达国家的发展路径，其住宅建设以低层木结构和轻钢结构装配式住宅为主，并表现出多样化、个性化的特点。在美国装配式建筑发展过程中，市场机制占据了主导地位，同时美国政府出台了一系列推进装配式建筑发展的对策，1976 年出台的国家工业化建筑建造及安全标准，对建筑物设计、施工、强度、持久性、耐火、通风、节能、质量进行了规范。时至今日，美国的部品部件生产与住宅建设达到了较高的水平，居民可通过产品目录选择住宅建设所需部品。

（2）瑞典

瑞典采用了大型混凝土预制板的装配式技术体系，装配式建筑部品部件的标准化已逐步纳入瑞典的工业标准。为推动装配式建筑产品建设工业化通用体系和专用体系发展，政府鼓励只要使用按照国家标准协会的建筑标准制造的结构部品来建造建筑产品，就能获得政府的资金支持。瑞典装配式建筑在模数协调的基础上形成了“瑞典工业标准”（SIS），实现了部品的尺寸、连接等标准化、系列化，使构件之间容易替换。政策的支持和市场的导向，使瑞典的通用部件标准体系发展成熟，现在瑞典装配式建筑的市场份额达到 80%。

（3）日本

日本政府为发展装配式建筑，制定了发展装配式建筑的政策，并制定了住宅性能认定制度。日本的装配式建筑主要由两类机构主导：第一类是建筑产品工团，它是一个半政府、半民间的机构；主要研究建筑产品的标准化设计，木结构、钢结构和混凝土结构的建筑产品试制，机械化施工工法以及公营建筑产品普及标准化系列部品。第二类是民间企业，包括积水建筑产品、大和房屋、三泽房屋、大成建设等，负责装配式建筑的建设。在不断地探索装配式技术体系之后，日本形成了 KSI（都市再生机构骨架 + 填充住宅建筑体系）建筑体系，现在日本装配式建筑占建筑市场份额达到了 50%。

除上述国家的装配式建筑技术体系外，还有英国、法国和新加坡等发达国家也在装配式建筑的发展中形成了各自的体系。目前，发达国家预制混凝土结构已经发展成熟并广泛应用于工业与民用建筑。

2）我国对于装配式建筑结构体系的研究起源于 20 世纪中后期，并逐渐形成了装配式单层工业厂房建筑体系、多层框架建筑体系、大板建筑体系等。

1956年国务院出台《关于加强和发展建筑工业的决定》；1978年国家有关部门专门召开建筑工业化规划会议，要求到2000年全面实现建筑工业现代化，但是出于计划经济体制的束缚，特别是相应的经济补偿政策迟迟不能到位，建筑工业化推广受到极大影响；1995年建设部发布《建筑工业化纲要》；1996年建设部发布《住宅产业现代化试点工作大纲》，我国的建筑产业化发展才开始真正起步；1998年建设部住宅产业化促进中心成立，自此，中心陆续批准建立了10个国家级住宅产业化示范基地，包括天津二建、青岛海尔、北新建材等。

1999年建设部等八部委发布《关于推进住宅产业现代化提高住宅质量的若干意见》；2005年建设部批准建立“国家住宅产业化基地”，2005年批准建立的合肥经济开发区，也是一个住宅部品和设备生产的工业园；2006年建设部下发《国家住宅产业化基地试行办法》，住宅产业化促进中心还颁布了修改后的国家住宅产业化基地的管理规定，是推进住宅产业现代化的重要措施；2011年沈阳市被批准为全国第一个国家现代建筑产业化试点城市；2013年国务院办公厅发布《关于转发发展改革委住房城乡建设部绿色建筑行动方案的通知》（国办发〔2013〕1号）；2014年沈阳市被评为全国第一个建筑产业现代化示范城市，同时，上海、合肥、济南等七个城市也成为全国建筑产业现代化试点城市；2016年中共中央国务院关于《进一步加强城市规划建设管理工作的若干意见》提出，力争用10年左右时间，使装配式建筑占新建建筑的比率达到30%，这是时隔37年重启的中央城市工作会议的配套文件；2017年《“十三五”装配式建筑行动方案》要求，装配式建筑将得到全面发展，到2020年，全国装配式建筑的比率将达到新建建筑的15%以上。

7.3.2 基于装配式技术建造超低能耗绿色建筑优势

1. 施工周期会缩短

采用传统现浇方式，主体结构3~5天可以完成一层，由于各专业与主体是分开施工的，其实际需要的工期大约是一层7天，各个层次间的施工是从下往上逻辑串联式进行的。然而装配式超低能耗绿色建筑的构件可以在工厂进行生产，并且每层的构件生产方式与现浇不同，采用的是并联式的生产方式，可以综合运用多专业的技术生产同一构件。只有吊装和拼接各部件是需要在现场完成的工作，方便快捷。装配式安装施工时间比较短，大约一层需要一天，其实际需要的工期是一层3~4天。在施工过程中运用装配式工法，不仅可以极大地提高施工机械化的程度，而且可以降低在劳动力方面的资金投入，同时降低劳动强度。据统计传统装配式高层可以缩短1/3左右的工期，多层和低层则可以缩短50%以上。

2. 降低环境负荷

因为在工厂内就已完成大部分预制构件的生产，这就降低了现场作业量，使得生产过程中的建筑垃圾大量减少，与此同时，由于湿作业产生的诸如废水污水、建筑噪声、粉尘污染等也会随之大幅度地降低。在建筑材料的运输、装卸以及堆放等过程中，选用装配式建筑的房屋，可以大量地减少扬尘污染。在现场预制构件不仅可以去掉泵送混凝土的环节，有效减少固定泵产生的噪声污染，而且装配式施工高效的施工速度、夜间施工时间的缩短可以有效减少光污染。

3. 减少资源浪费

建造装配式超低能耗绿色建筑住宅需要预制构件，这些预制构件都是在工厂内流水线生产的，流水线生产有很大的好处，其一就是可以循环利用生产机器和模具，这就使得资源消耗极大地减少。与装配式建造方式相比，传统的建造方式不仅要在外墙搭接脚手架，而且需要临时支撑，这就会造成很多钢材以及木材的耗费，对自然资源造成了大量消耗。但是装配式住宅不同，它在施工现场只有拼装与吊装这两个环节，这就使得模板和支撑的使用量极大地降低。不容忽视的一点的是，在装配式建筑的运营阶段，其在建造阶段所投入的节能、节水、节材效益便会表现出来，相比传统现浇建筑减少了很大一部分资源的消耗。

附表一　河北省超低能耗绿色居住建筑基本信息表

<table>
<tr><td colspan="6">第一部分　项目基本信息</td></tr>
<tr><td>项目名称*</td><td colspan="5"></td></tr>
<tr><td>工程地址*</td><td colspan="5"></td></tr>
<tr><td>设计单位*</td><td colspan="5"></td></tr>
<tr><td>咨询单位*</td><td colspan="5"></td></tr>
<tr><td>设计日期*</td><td colspan="2"></td><td colspan="2">气候区域*</td><td></td></tr>
<tr><td>开工时间*</td><td colspan="2">____年____月</td><td colspan="2">竣工时间*</td><td>____年____月</td></tr>
<tr><td>采用软件*</td><td colspan="2"></td><td colspan="2">软件版本*</td><td></td></tr>
<tr><td>建筑面积*</td><td colspan="2"></td><td colspan="2">套内使用面积*</td><td></td></tr>
<tr><td>建筑高度*</td><td colspan="2"></td><td colspan="2">建筑体形系数*</td><td></td></tr>
<tr><td>窗墙比*</td><td colspan="5">南________北________东________西________</td></tr>
<tr><td colspan="6">第二部分　关键技术指标</td></tr>
<tr><td rowspan="7">能耗指标*</td><td colspan="3">能耗指标</td><td>设计值</td><td>规范限值</td></tr>
<tr><td colspan="3">年供暖需求*［kWh/(m²·a)］</td><td></td><td></td></tr>
<tr><td colspan="3">年供冷需求*［kWh/(m²·a)］</td><td></td><td></td></tr>
<tr><td colspan="3">年一次能源消耗量（年一次能源总需求）*［kWh/(m²·a)］</td><td></td><td></td></tr>
<tr><td colspan="5">建筑能耗统计包括*：□供暖/供冷　□照明　□插座　□其他______</td></tr>
<tr><td colspan="5">终端能源总消耗*：电________（kWh/m²），市政热网________（GJ/m²），天然气________（m³/m²），煤气________（m³/m²），可再生能源________其他________</td></tr>
<tr><td colspan="5"></td></tr>
<tr><td rowspan="5">室内环境*</td><td>设计参数</td><td colspan="2">冬季</td><td colspan="2">夏季</td></tr>
<tr><td>室内温度要求（℃）</td><td colspan="2"></td><td colspan="2"></td></tr>
<tr><td>室内相对湿度要求（%）</td><td colspan="2"></td><td colspan="2"></td></tr>
<tr><td>外墙内表面温度（℃）</td><td colspan="2"></td><td colspan="2"></td></tr>
<tr><td>室内空气品质要求（CO_2）</td><td colspan="2"></td><td colspan="2"></td></tr>
</table>

续表

<table>
<tr><td colspan="5">第二部分　关键技术指标</td></tr>
<tr><td rowspan="8">围护结构指标*</td><td>技术指标</td><td>设计值</td><td>测试值</td><td>标准值</td></tr>
<tr><td>屋面传热系数* [W/(m^2·K)]</td><td></td><td></td><td></td></tr>
<tr><td>外墙传热系数* [W/(m^2·K)]</td><td></td><td></td><td></td></tr>
<tr><td>地面传热系数* [W/(m^2·K)]</td><td></td><td></td><td></td></tr>
<tr><td>外窗传热系数* [W/(m^2·K)]</td><td></td><td></td><td></td></tr>
<tr><td>外窗太阳得热系数 SHGC*</td><td></td><td></td><td></td></tr>
<tr><td>外门传热系数* [W/(m^2·K)]</td><td></td><td></td><td></td></tr>
<tr><td>气密性（N_{50}/h^{-1}）</td><td></td><td></td><td></td></tr>
<tr><td rowspan="8">围护结构保温材料*</td><td>外窗类型（框料）*</td><td colspan="3">□塑钢　□铝木复合　□铝合金　□其他______</td></tr>
<tr><td>外窗供应商*（施工评价填写）</td><td colspan="3"></td></tr>
<tr><td>外窗玻璃配置</td><td colspan="3"></td></tr>
<tr><td>外窗玻璃的太阳能总透射比</td><td></td><td>外窗玻璃的选择性系数</td><td></td></tr>
<tr><td>遮阳构件形式（多选）</td><td colspan="3">□内置　□外置　□中置
是否可调：□是　□否</td></tr>
<tr><td>外保温材料*</td><td colspan="3">□EPS　□XPS　□岩棉　□聚氨酯　□真空绝热板
□其他________</td></tr>
<tr><td>保温材料供应商*
（施工评价填写）</td><td colspan="3"></td></tr>
<tr><td>密封胶带供应商*
（施工评价填写）</td><td colspan="3"></td></tr>
<tr><td rowspan="9">能源及可再生能源*</td><td>能源类别　系统类型</td><td colspan="2">容量参数设计值</td><td>主要性能参数</td></tr>
<tr><td>□太阳能光热</td><td colspan="2"></td><td></td></tr>
<tr><td>□太阳能光伏</td><td colspan="2"></td><td></td></tr>
<tr><td>□地源热泵</td><td colspan="2"></td><td></td></tr>
<tr><td>□生物质锅炉</td><td colspan="2"></td><td></td></tr>
<tr><td>□热电联产 CHP</td><td colspan="2"></td><td></td></tr>
<tr><td>□风力发电</td><td colspan="2"></td><td></td></tr>
<tr><td>□其他</td><td colspan="2"></td><td></td></tr>
<tr><td>供能总计*</td><td colspan="3">kWh/（m^2·a）</td></tr>
</table>

续表

<table>
<tr><td colspan="9">第三部分 节能技术措施</td></tr>
<tr><td rowspan="3">被动式技术*</td><td>自然采光</td><td>自然通风</td><td>遮阳</td><td>光导技术</td><td>地道风</td><td>蓄热</td><td>被动式得热</td><td>绿植</td></tr>
<tr><td></td><td></td><td></td><td></td><td></td><td></td><td></td><td></td></tr>
<tr><td colspan="2">其他技术</td><td colspan="6"></td></tr>
<tr><td rowspan="3">主动式技术*</td><td>高效照明</td><td>节能电器</td><td>机械通风热回收</td><td>热水热回收（及效率）</td><td>置换通风</td><td>辐射供暖</td><td>辐射供冷</td><td>空气源热泵</td></tr>
<tr><td></td><td></td><td></td><td></td><td></td><td></td><td></td><td></td></tr>
<tr><td colspan="2">其他技术</td><td colspan="6"></td></tr>
<tr><td rowspan="2">控制技术</td><td colspan="3">照明自控</td><td colspan="5">能源系统自控</td></tr>
<tr><td colspan="3"></td><td colspan="5"></td></tr>
<tr><td>项目特色</td><td colspan="8"></td></tr>
</table>

超低能耗绿色居住建筑基本信息表填写说明

1. 本表为河北省超低能耗绿色建筑项目评价必填信息表，所有河北省超低能耗建筑评价的项目均需按说明填写该表，并对需要解释的地方进行进一步补充说明。

2. 所有的“＊项”皆为必填项，所有非“＊项”应根据实际情况结合对应项的填写说明进行填写。

3. 建筑面积：指建筑物外墙勒脚以上的结构外围水平面积，包含地上面积和地下面积。

4. 套内使用面积：指建筑套内设置供暖或空调设施的各功能空间的使用面积之和，包括卧室、起居室（厅）、餐厅、厨房、卫生间、过厅、过道、贮藏室、壁柜、设供暖或空调设施的阳台等使用面积的总和。

5. 年一次能源消耗量（年一次能源总需求）：可按现行河北省超低能耗建筑节能设计标准通过一次能源转换计算得到。

6. 建筑能耗统计：填写计入一次能源消耗总量的用能项进行勾选。

7. 终端能源总消耗：为终端直接消耗的能源，以计量表计量数据为准。其中可再生能源为项目能源及可再生能源项中各项可再生能源利用总和，即供能总计。

8. 室内环境：需按冬季和夏季分别填写室内环境参数的设计值。

9. 围护结构指标：测试值为建筑投入使用后的测试值；标准值为设计阶段所参考的河北省节能标准中的要求限值。

10. 围护结构保温材料：外窗类型选择性给出目前常见的三种外窗材料类型，如有其他类型，请在横线位置补充。

11. 能源及可再生能源：请在采用的能源类别前勾选，“容量参数设计值”是指可再生能源设计装机容量，“主要性能参数”指系统关键能效参数，其中太阳能光伏系统及光热系统需要给出太阳能转化效率，热泵机组需给出机组额定 COP。如使用其他能源系统，需进行补充说明。

12. 节能技术措施部分，共分为被动式技术、主动式技术、控制技术三类，参照项目所采用的节能技术进行对应勾选即可。

13. 项目特色：请填写本项目的其他特色，并附说明材料。

附表二　河北省超低能耗公共建筑基本信息表

项目名称			
工程地址			
设计单位			
咨询单位			
设计日期		气候区域	
开工时间	____年____ 月	竣工时间	____年____ 月
采用软件		软件版本	
建筑面积	m^2	建筑外表面积	m^2
建筑体积	m^3	建筑体形系数	

设计建筑窗墙面积比				屋顶透光部分与屋顶总面积之比 *M*	*M* 的限值
东立面	南立面	西立面	北立面		
					20%

围护结构部位	设计建筑		参照建筑		设计建筑是否符合标准要求
	传热系数 *K* [$W/(m^2 \cdot K)$]	太阳得热系数 *SHGC*	传热系数 *K* [$W/(m^2 \cdot K)$]	太阳得热系数 *SHGC*	
屋顶透光部分					
东立面外窗（包括透光幕墙）					
南立面外窗（包括透光幕墙）					
西立面外窗（包括透光幕墙）					
北立面外窗（包括透光幕墙）					
屋面					
外墙（包括非透光幕墙）					
底面接触室外空气的架空或外挑楼板					
被动区域与不供暖供冷的非被动区域之间的隔墙					
被动区域与不供暖供冷的非被动区域之间的楼板					

续表

系统形式	设计建筑	参照建筑	是否符合标准要求
遮阳形式及朝向		无	
冷源形式			
热源形式			
空调系统形式			
新风系统形式			
门窗缝隙渗入空气量			
照明			
计算结果	设计建筑	参照建筑	节能率
全年供暖能耗（kWh/m^2）			
全年供冷能耗（kWh/m^2）			
全年照明能耗（kWh/m^2）			
全年总能耗（kWh/m^2）			

参考文献

［1］刘淼．被动式低能耗绿色建筑在河北省的发展和应用研究［D］．石家庄：石家庄铁道大学，2017.

［2］王垂宁．山东地区超低能耗宾馆建筑供暖供冷能耗的研究［D］．济南：山东建筑大学，2019.

［3］吴世华．被动式超低能耗建筑的发展现状及前景展望［J］．建筑技术开发，2019，46（10）：145-146.

［4］搜狐网．超低能耗“被动房”势必将成为未来建筑节能趋势［DB/OL］．2018-02-24.

［5］碳排放交易网．绿色建筑：超低能耗建筑被动方式实现环保舒适［DB/OL］．2015-09-23.

［6］江亿．综合节能应用研究——清华大学超低能耗示范楼实践［J］．房地产导刊，2005（7）：44-45.

［7］文化中国网．汉堡之家——寄予美好愿望的建筑［DB/OL］．2010-07-15.

［8］上海朗诗建筑科技有限公司．布鲁克被动房的设计理念与技术实施［J］．建设科技，2014（19）：27-30.

［9］搜狐网．被动式超低能耗建筑，实现环保与舒适［DB/OL］．2017-08-06.

［10］张天宇．超低能耗目标下的寒冷地区建筑本体节能设计研究［D］．济南：山东建筑大学，2019.

［11］新华网．河北省超低能耗建筑竣工面积居全国首位［DB/OL］．2019-10-09.

［12］郭钊．郑州地区超低能耗居住建筑节能设计研究［D］．郑州：郑州大学，2019.

［13］范鑫．低碳建筑供应链构建及评价研究［D］．西安：西安建筑科技大学，2018.

[14] 刘艳杰．中德比较视角下的北方地区超低能耗集合住宅设计研究［D］．大连：大连理工大学，2018.
[15] 王娜，徐伟．国际零能耗建筑技术政策研究［J］．建设科技，2016（10）：30-33.
[16] 彭梦月．欧洲超低能耗建筑和被动房标准体系［J］．建设科技，2014（21）：43-47.
[17] 刘玮，郝雨楠．国内外被动式建筑发展现状［J］．门窗，2017（02）：26-29.
[18] 中国气候变化信息网．应对气候变化立法的几点思考与建议［EB/OL］．2015-06-25.
[19] 冯康曾，田山明，李鹤．被动式建筑·节能建筑·智慧城市［M］．北京：中国建筑工业出版社，2017.
[20] 王生．被动式超低能耗建筑气密性措施及检测方法［D］．青岛：青岛理工大学，2019.
[21] 张春鹏．德国被动式超低能耗建筑设计及保障体系探究［D］．济南：山东建筑大学，2016.
[22] 朱丹丹，燕达，王闯，等．建筑能耗模拟软件对比：DeST、EnergyPlus and DOE-2［J］．建筑科学，2012（28）：213-222.
[23] 河北省住房和城乡建设厅．被动式超低能耗居住建筑节能设计标准 DB13（J）/T 273—2018［S］．北京：中国建材工业出版社，2018.
[24] 河北省住房和城乡建设厅．被动式超低能耗公共建筑节能设计标准 DB13（U）/T 263—2018［S］．北京：中国建材工业出版社，2018.
[25] 潘毅群，等．实用建筑能耗模拟手册［M］．北京：中国建筑工业出版社，2013.
[26] 肖建华．太阳能在建筑中应用技术探究［J］．科学技术创新，2019（25）：107-108.
[27] 戴建忠，张正祥，刘宏，等．太阳能-地源热泵联合系统的研究［J］．现代物业（中旬刊），2017（06）：47-53.
[28] 冯晓梅，邹瑜，张昕宇，等．太阳能系统与地源热泵系统联合运行方式的探讨［J］．太阳能，2007（02）：23-25.

[29] 王敏，何涛，徐伟，等．太阳能供热空调系统在超低能耗建筑中的设计分析［J］．建筑科学，2016，32（04）：20-24.
[30] 王泽龙，田宜水，赵立欣，等．生物质能-太阳能互补供热系统优化设计［J］．农业工程学报，2012，28（19）：178-184.
[31] 李曾婷．低温空气源热泵能效标准发布，约两成产品将被淘汰［J］．电器，2019（07）：44.
[32] 尹志芳，李聪聪，路国忠．不同软件在超低能耗建筑能耗分析中的对比［J］．墙材革新与建筑节能，2018（06）：41-46.
[33] 李晓晨，吴自敏，楚洪亮，等．被动式超低能耗建筑屋面节点优化［J］．建筑节能，2018，46（11）：28-31.
[34] 魏林滨，李震，李迪，等．被动式房屋气密性测试方法分析与实践应用［J］．建设科技，2015（23）：24-28.
[35] 孙峙峰，邹瑜，金汐．我国被动式超低能耗居住建筑评价标识方法研究［J］．建筑科学，2016，32（04）：35-37 +43.
[36] 彭梦月．中国被动式低能耗建筑年度发展研究报告 2017［M］．北京：中国建筑工业出版社，2017.
[37] 王臻，刘庆锡．被动房屋居住效果测试与改进研究——以秦皇岛“在水一方”被动式超低能耗绿色建筑为例［J］．建设科技，2014（19）：52-56.
[38] 郝翠彩，田树辉，国贤发，等．被动式超低能耗公共建筑在寒冷地区的实践——河北省建筑科技研发中心示范工程［J］．建设科技，2014（19）：61-63.
[39] 杨孝鹏．国内外建筑能耗监测平台建设调查与研究［J］．工程与建设，2011，25（1）：83-84，139.
[40] 贺成龙，孙德发．应用型土木工程专业与实践环节教学改革研究［J］．嘉兴学院学报，2007（11）：118-121.
[41] 陈永攀．建筑能源系统物联网架构与实现技术研究［D］．哈尔滨：哈尔滨工业大学，2011：1-40.
[42] 江忆．我国建筑能耗状况及建筑节能工作中的问题［J］．中华建设，2006（2）：12-18.
[43] 石军．感知中国——促进中国物联网加速发展［J］．通信管理与技术，

2009，10（5）：1-3.
[44] 朱洪波，杨龙祥，于全．物联网的技术思想与应用策略研究［J］．通信学报，2010，31（11）：2-9.
[45] 姜子炎．建筑自动化系统的信息流研究［D］．北京：清华大学，2008：65-80.
[46] 江忆，姜子炎，魏庆芃．大型公共建筑能源管理与节能技术诊断研究［J］．建设科技，2010（22）：20-23.
[47] 季柳金，许锦峰，徐楠．能耗监测系统及分项计量［J］．技术的应用与建筑节能，2009，37（8）：65-67.
[48] 陈超，渡边俊行，谢光亚，等．日本的建筑节能概念与政策［J］．暖通空调，2002，32（6）：40-43.
[49] 曲成义．物联网的发展态势和前景［J］．信息化建设，2009（11）：16-19.
[50] 孙其博．物联网：概念、架构与关键技术研究综述［J］．北京邮电大学学报，2010，33（9）：1548-1556.
[51] 顾晶晶．基于无线传感器网络拓扑结构的物联网定位模型［J］．计算机学报 2010，33（9）：1548-1556.
[52] 宁家俊．物联天下感知中国——物联网的技术与应用［J］．信息化建设，2009，（11）：13-15.
[53] 吕治安．ZigBee 网络原理与应用开发［M］．北京：北京航空航天大学出版社，2008.
[54] 羊梅，霍海娥．现场总线及其在空调控制系统中的应用研究［J］．制冷与空调，2010，4（2）：99-102.
[55] 孙弋，徐瑞华．基于 WiFi 技术的井下多功能便携终端的设计与实现［J］．工矿自动化，2007（3）：60-63.
[56] 路峰迎．建筑能耗数据采集与分析系统的设计与实现［D］．济南：山东建筑大学，2019：1-40.
[57] 陈家军．绿色建筑能耗及其管理系统的应用［J］．科技与创新，2016，1（8）：80-81.
[58] 任远谋．BIM 在我国建筑行业应用影响因素研究［D］．重庆：重庆大学，

2016：1-29.
[59] 张建平. BIM 技术的研究与应用 [J]. 施工技术，2011（1）：15-18.
[60] 赵源煜. 中国建筑业 BIM 发展的阻碍因素及对策方案研究 [D]. 北京：清华大学，2012：1-40.
[61] 李俊超. BIM 技术扩散的阻碍研究 [D]. 哈尔滨：哈尔滨工业大学，2014：1-40.
[62] 龙文志. 建筑业应尽快推行建筑信息模型（BIM）技术 [J]. 建筑技术，2011（01）：9-14.
[63] 李勇. 建筑施工企业 BIM 应用影响研究 [D]. 武汉：武汉科技大学，2015.
[64] 张树捷. BIM 技术在工程造价管理中的应用研究 [J]. 建筑经济，2012（02）：20-24.
[65] 万园. BIM 技术在绿色建筑中的应用研究 [J]. 技术与应用，2019（06）：4.
[66] 张梦琪，李晓虹，熊伟. BIM 技术的发展现状与前景展望 [J]. 价值工程，2018（6）：212-213.
[67] 郑华海，刘匀，李元齐. BIM 技术研究与应用现状 [J]. 结构工程师，2015（8）：45-48.
[68] 潘婷，汪霄. 国内外 BIM 标准研究综述 [J]. 工程管理学报，2017（2）：25-28.
[69] 张晓菲，周寅超. 基于 IFC 标准的 BIM 技术应用领域及其前景分析 [J]. 建筑科学，2010（10），94-97.
[70] 马俊东. 浅谈如何在绿色建筑中应用 BIM 技术 [J]. 技术分析，2019（20）：66.
[71] 齐宝库，张阳. 装配式建筑发展瓶颈与对策研究 [J]. 沈阳建筑大学学报（社会科学版），2015（17）：2.
[72] 张传生，张凯. 工业化预制装配式住宅建设研究与应用 [J]. 住宅产业，2012（6）：24-28.
[73] 李晓明. 装配式混凝土结构关键技术在国外的发展与应用 [J]. 住宅产业，2011（6）：16-18.

[74] 刘东卫，蒋洪彪，于磊．中国住宅工业化发展及其技术演进［J］．建筑学报，2012（4）：10-18.

[75] 徐雨濛．我国装配式建筑的可持续性发展研究［D］．武汉：武汉工程大学，2015.

[76] 游又能，康一亭，马健，等．我国被动式超低能耗装配式建筑关键技术的研究与发展［J］．建筑科学，2019（35）：137-142.

[77] 李治，任艺璇，戴倩东．浅析国家推广装配式建筑的问题和前景［J］．中国住宅设施，2016（2）：19-21.

[78] 胡远航．装配式结合被动式超低能耗技术建筑的设计与安装概述——以中建科技成都有限公司产业化研发中心为例［J］．中外建筑，2017（08）：227-230.

[79] 单翠．我国装配式建筑研究综述［J］．土木工程研究，2017（34）：8-13.

[80] 李静，杜润泽．基于全寿命周期的产业化住宅与现浇式住宅成本对比分析［J］．北京工业职业技术学院学报，2016（1）：111-114.